PILZ NAVIGATOR

BUSCHFUNKISTAN

ulmer

Vanessa & Norman Glatzer

PILZ NAVIGATOR

BUSCHFUNKISTAN

Die smarte Methode, mehr Pilze zu finden mit digitalen Tools und Zeigerpflanzen

Inhalt

Die Pilze in diesem Buch in der Übersicht →

Ein Korb Glückseligkeit

Wer einmal einen Korb voller selbst gesammelter Pilze nach Hause getragen hat, kennt das Gefühl: absolute Glückseligkeit. Doch Pilzsuche kann weit mehr als ein Spaziergang mit gelegentlichen Zufallsfunden sein. Wer regelmäßig erfolgreich sein möchte, braucht neben Erfahrung auch systematisches Vorgehen – und das richtige Wissen.

Dieses Buch zeigt, wie man mit modernen Mitteln und klassischem Naturverständnis gezielt Pilze finden kann. Es ist in zwei große Teile gegliedert: Der erste Teil widmet sich digitalen Hilfsmitteln, mit denen sich potenziell pilzreiche Gebiete bereits im Vorfeld eingrenzen lassen. Bodenkarten, Wettermodelle, Satellitenbilder und weitere Kartendienste eröffnen Möglichkeiten, die früher unvorstellbar waren. Mit ihnen kann man Touren effizient planen und die Erfolgschancen erheblich steigern. Pilze sammeln geht im 21. Jahrhundert auch digital!

Der zweite Teil führt in den Wald – zu den natürlichen Merkmalen, die für das Pilzwachstum entscheidend sind. Man erfährt, welche Geländestrukturen, Bodenarten und Pflanzen Hinweise auf gute Pilzstandorte geben. Zeigerpflanzen, Feuchtigkeitsverhältnisse, Lichtverhältnisse und mikroklimatische Besonderheiten helfen dabei, vor Ort die richtigen Entscheidungen zu treffen.

Dieses Buch richtet sich an alle, die nicht nur auf ihr Glück vertrauen wollen, sondern Pilze mit System finden möchten. Egal, ob man gerade erst in der Pilzwelt beginnt oder schon fortgeschritten ist – wer versteht, wo und warum Pilze wachsen, wird künftig nicht nur öfter fündig, sondern entwickelt auch ein tieferes Verständnis für das Zusammenspiel von Landschaft, Klima und Leben im Wald.

Pilze finden war noch nie so einfach wie mit dem Buschfunkistan-Pilznavigator!

Vanessa & Norman
von Buschfunkistan

Pilze entziehen sich oft starren Regeln

Und doch: Wer die Chancen auf einen Fund erhöhen will, kommt um gewisse Grundsätze kaum herum. Ein echtes Dilemma! Pfifferlinge zum Beispiel wachsen bevorzugt auf sauren Böden – und doch findet man sie hin und wieder auch auf kalkhaltigem, also basischem Untergrund. Die besseren Erfolgsaussichten hat man aber klar in saurer Umgebung. Auch Steinpilze gelten als Liebhaber von Halbschatten, lassen sich aber durchaus auch im tiefen Dunkel des Waldes entdecken. Deshalb gilt: Manches, was wir in diesem Buch über Pilze zeigen und beschreiben, ist eher als Orientierung denn als feste Regel zu verstehen. Doch genau diese Orientierung hilft, um die Chancen auf Funde zu erhöhen.

Digital Hotspots finden

Gemütlich vorbereiten zu Hause

Planlos in einen Wald laufen und keine Pilze finden – wer will das schon? Von zu Hause aus lässt sich die Pilzsuche mit digitalen Tools so vorbereiten, dass die Erfolgschancen für Pilze steigen.

Die Basis allen Glücks: Der Boden

Wer Pilze sucht, findet manchmal nur Verzweiflung. „Nie finde ich Pfifferlinge!" – so einen Gedanken hatten wohl die meisten Pilzsuchenden schon mal. Die Pfifferlinge in diesem Satz kann man auch durch eine beliebige andere Pilzart ersetzen. Der Grund dafür, warum man bestimmte Pilzarten einfach nie findet, liegt möglicherweise unter den eigenen Füßen: der Boden. Denn Boden ist nicht gleich Boden.

Der Boden ist vielfältig wie ein Regenbogen oder besser gesagt wie die Farben auf einem pH-Teststreifen.

Ein Boden kann sauer, basisch oder irgendwas dazwischen sein. Viele Pilzarten wachsen aber nur auf Böden mit bestimmten pH-Werten. Und genau da liegt zumeist der Grund, warum man so manche Pilzart einfach noch nie zu Gesicht bekommen hat: Man hat nie auf den richtigen Böden gesucht.

Pilze haben pH-Bedürfnisse

Die Unterschiede zwischen sauren und basischen Böden sind, was die Pilzvorkommen angeht, massiv. Es ist fast so, als gäbe es zwei Pilzwelten: eine saure und eine basische. Natürlich gibt es auch ein paar Generalisten, die mit allen möglichen pH-Werten auskommen, aber eine Vielzahl an Arten ist spezialisiert. Im Kapitel „Reaktionszahl – sauer oder basisch" auf Seite 83 gibt es noch viele weitere Informationen zum pH-Wert von Böden.

Pilze und ihre pH-Bedürfnisse

Pilze auf saurem Boden	Generalisten	Pilze auf basischem Boden
Kuhmaul	Brätling	Mönchskopf
Echter Pfifferling	Herbsttrompete	Morchel
Trompeten-Pfifferling	Parasol	Blasser Pfifferling
Maronen-Röhrling	Perlpilz	Starkriechender Pfifferling
Fichten-Steinpilz	Sommer-Steinpilz	Schweinsohr
	Frauen-Täubling	Sommer-Trüffel

BEISPIELSZENARIO Manchmal ist das Finden von Böden mit geeignetem pH-Wert gar nicht so einfach. Je nachdem, wo man wohnt, kann es sein, dass man kilometerweit vom gleichen Bodentyp mit dem gleichen pH-Wert umgeben ist. Wer im Schwarzwald wohnt, wohnt beispielsweise in einem überwiegend sauren Mittelgebirge. Basische Böden findet man dort nur selten. Das Thüringer Becken hingegen ist ein Hotspot des Basenreichtums.

*Später im Buch befassen wir uns mit den **Zeigerpflanzen** (Seite 82). Diese verraten uns direkt im Wald, wie es um den Boden-pH vor Ort steht. Doch man kann es sich auch einfach machen und direkt von zu Hause aus recherchieren, welche pH-Werte die Böden der Umgebung haben.*

Saure Karten, basische Karten

Der einfachste Weg, schnell an das Wissen über den pH-Wert im Boden zu kommen, sind Karten, die den Boden-pH anzeigen. So gibt es zum Beispiel vom Thünen-Institut eine Karte zum Boden-pH in Deutschland, mit deren Hilfe man sehr schnell die Böden in der Umgebung kennenlernen kann.

GUTE GRÜNDE sich mit Karten zu den Boden-pH-Werten auseinanderzusetzen

1. In kurzer Zeit weiß man, wo man welche Pilzarten erwarten kann und wo es keinen Sinn machen würde, sie zu suchen.
2. Erstfund-Träume können wahr werden.
3. Man kann neue Habitate direkt vor der Haustür entdecken.

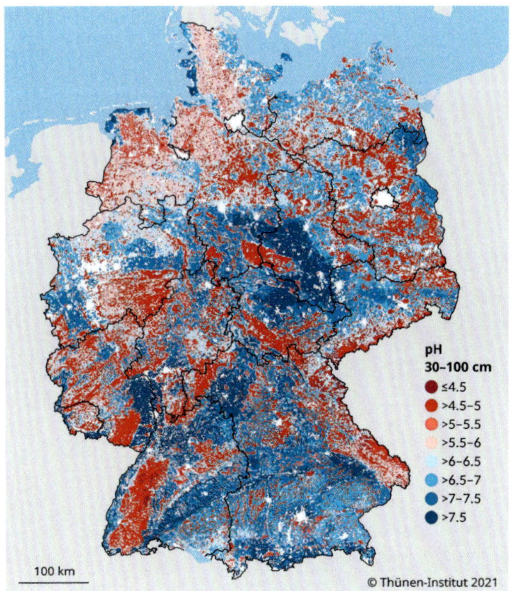

Die Karte zum Boden-pH in Deutschland vom Thünen-Institut. In Rot sieht man saure Böden, in Blau basische Böden. Bei Bedarf kann man weiter in die Karte hineinzoomen.

> *Wir leben am Rande des Schwarzwaldes. Die Wälder unmittelbar vor unserer Haustür sind sehr sauer. Hier ist das Paradies der Pfifferlinge. Wenn wir uns jedoch nur wenige Kilometer entfernen, stehen wir plötzlich auf sehr basischem Boden und begegnen Speise-Morcheln und Mönchsköpfen. So eine Auswahl an pH-Werten im Boden ist natürlich optimal für die Pilzsuche, insbesondere wenn alles so nah beieinander liegt. Aber zugleich ist es auch ganz schön kompliziert. Welcher Hügel hat jetzt nochmal welchen pH-Wert? Wir hätten uns dieses Wissen mühselig selber aneignen können. Allerdings hätten wir dafür systematisch alle Wälder durchstreifen und nach Zeigerpflanzen schauen müssen. Wir haben es uns viel einfacher gemacht. Noch bevor alle Umzugskisten ausgepackt waren, wurden erstmal Bodenkarten gecheckt. Schließlich ist es wesentlich wichtiger zu wissen, wo man welche Pilze erwarten kann, als dass alle Löffel fein säuberlich in eine Schublade einsortiert sind.*

Tiefer buddeln: Das Ausgangsgestein

Wer etwas tiefer in die Thematik Boden einsteigen will, sollte sich mit den Ausgangsgesteinen der Böden befassen. Das können zum Beispiel Granit, Sandstein oder Kalkstein sein. Hat man herausgefunden, welches Ausgangsgestein sich im Pilzgebiet befindet, kann man im nächsten Schritt dessen Eigenschaften recherchieren. Das Ausgangsgestein verrät uns nicht nur Informationen über den Boden-pH, sondern beispielsweise auch, wie gut der Boden Wasser speichern kann. Natürlich können Faktoren wie Oberflächenversauerung den ursprünglichen Boden-pH des Ausgangsgesteins beeinflussen.

So wird man nicht nur neue Habitate für besondere Pilzarten finden, sondern zugleich etwas über die Erdgeschichte lernen. Vielleicht kommt sogar die ein oder andere Überraschung ans Licht: Möglicherweise war dort, wo jetzt der Lieblingspilzwald ist, mal glühende Lava (Basalt). Oder die Wiese, auf der die bunten Saftlinge wachsen, wächst auf einem hunderte Millionen Jahre alten Muschelfriedhof (Muschelkalk).

Gesteinsklassiker – ihre Eigenschaften und Pilze

Ausgangsgestein / Sediment	pH-Wert	Wasserspeicher-fähigkeit
Kalkstein	basisch	mittel bis gut (bei günstiger Bodenstruktur)
Sandstein	sauer	gering
Löss	basisch (manchmal auch sauer)	sehr gut
Granit	sauer	gering
Schiefer	sauer	mittel bis gering
Mergel	basisch	mittel bis gut

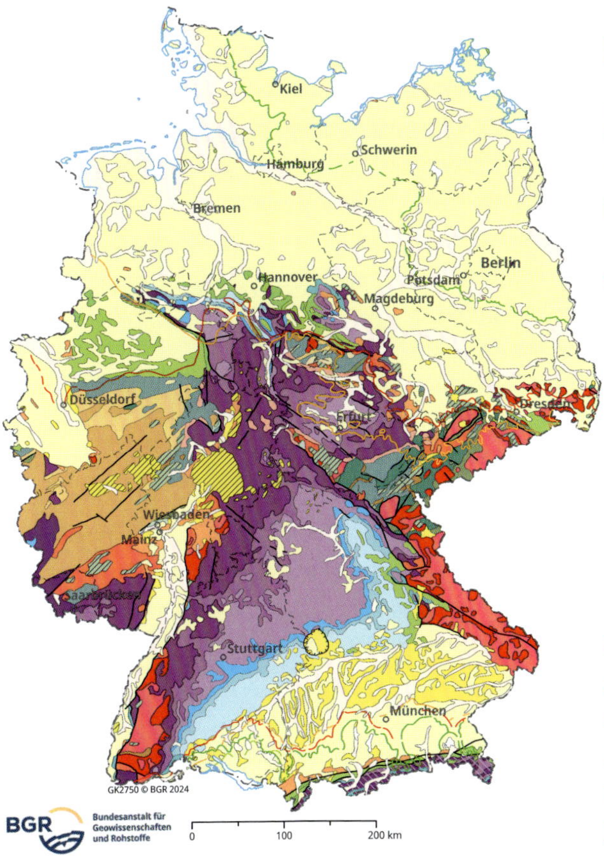

Erdgeschichte per Karte erleben

GUTE GRÜNDE sich mit geologischen Karten auseinanderzusetzen

1. Neue Habitate und Pilzarten entdecken wird viel einfacher.
2. Man sieht die Welt mit anderen Augen, Erdgeschichte wird sichtbar.

Geologische Übersichtskarte vom Geoportal der Bundesanstalt für Geowissenschaften und Rohstoffe (BGR). Bei der BGR kann man hochauflösende Karten mit detaillierten Informationen über die jeweiligen lokalen Gesteine bekommen.

Wenn man bereit ist, eine geologische Reise zu unternehmen, sollte man nach bodenkundlichen Karten suchen. Von besonderem Interesse sind auf solchen Karten „Bodenkundliche Einheiten" und „Geologische Einheiten". Diese Karten gibt es bei der Bundesanstalt für Geowissenschaften und Rohstoffe (BGR) für ganz Deutschland, aber auch von den einzelnen Landesämtern.

Bodenkundliche Einheiten konzentrieren sich auf die obersten Meter des Erdbodens, der stark von Umwelteinflüssen geprägt und somit zeitlich betrachtet noch recht jung ist.
Geologische Einheiten hingegen betrachten die oberen Gesteine der Erdkruste und beleuchten somit auch die längerfristige Erdgeschichte.

Es gibt Pilzarten, die lassen uns nicht los. Einmal von ihnen gehört, wollen wir sie unbedingt finden. Eine dieser Pilzarten war der März-Schneckling. Das Besondere am März-Schneckling ist, dass er ein Mykorrhiza-Pilz ist, der bereits im März wächst. Für Mykorrhiza-Pilze ist das eine äußerst ungewöhnliche Jahreszeit. Allerdings ist der März-Schneckling vielerorts entweder extrem selten oder gar nicht zu finden. Dementsprechend suchten wir ihn jahrelang. Der Schlüssel zum Erfolg lag dann in einer geologischen Karte. Denn was wir bereits wussten war, dass der März-Schneckling eine Vorliebe für Kalkböden hat. Verteilt auf mehrere Frühlinge gingen wir systematisch Wälder auf Kalkböden in unserer Umgebung ab.
Und tatsächlich! Im dritten Frühling wurden wir in einem Fichtenwald auf Muschelkalk endlich fündig: Ein riesiges Nest von März-Schnecklingen. Wir können unser Glück immer noch kaum fassen.

Oberboden und Unterboden: Was hat der Pfifferling auf Kalk verloren?

In einer idealen Lehrbuchwelt würden wir auf Kalkböden nur basenliebende Pilze finden. Wer jedoch schon das ein oder andere Mal Kalkböden zur Pilzsuche aufgesucht hat, wird vielleicht bemerkt haben, dass dort trotzdem manchmal säureliebende Pilzarten wachsen. Was haben die denn hier verloren?

Das Phänomen, welches schon so manchen Pfifferling auf Kalkstein gezaubert hat, nennt sich Versauerung. Aus verschiedenen Gründen kann es nämlich sein, dass der Oberboden mit der Zeit sauer wird, obwohl das unter ihm liegende Gestein basisch ist. Das hat zumeist eine dieser beiden Ursachen: Die erste ist eine vom Menschen verursachte atmosphärische Säurezufuhr durch Abgase. Die zweite ist eine durch Bäume verursachte Huminsäurezufuhr – insbesondere Nadelbäume können durch die Nadelstreu den Boden oberflächlich sauer machen.

Auch das Gegenteil kann der Fall sein, also dass man basenliebende Pilze auf sauren Böden findet. Die Ursachen hierfür sind immer menschengemacht. Manche Wälder werden künstlich gekalkt mit der Absicht, den Wald gesünder zu machen. Diese Praktik ist allerdings umstritten und kann insbesondere der Pilzwelt schaden, weil diese sensibel auf die neuen Nährstoffe im Ökosystem reagiert. Ein weiterer Grund für basenliebende Pilze im sauren Wald sind Forstwege. Diese werden ja gerne mal geschottert. Manchmal werden basische Gesteine als Schotter verwendet. Dadurch sind die Randbereiche der Forstwege dann auch basisch.

Jedes Jahr im März werden wir wieder wahnsinnig, denn die Spitz-Morcheln fangen an zu sprießen. Hauptsächlich findet man diese köstlichen Pilze auf basischem Boden unter Nadelbäumen. Doch unsere besten Stellen befinden sich ausgerechnet auf saurem Sandstein. Man könnte jetzt sagen, Spitz-Morcheln sind halt einfach etwas komisch und machen, was sie wollen. Und damit läge man gar nicht mal so falsch. Aber es gibt auch einen rationalen Grund: Schotter. Denn die Spitz-Morcheln, die wir in den sauren Wäldern finden, wachsen immer nur an Wegesrändern. Dabei akzeptieren sie nicht jeden beliebigen Weg, sondern nur die Pfade, die mit basischem Gestein geschottert sind. Ungeschotterte Wege haben auch keine Morcheln. Und Wege, die mit saurem Gestein geschottert sind, haben ebenfalls keine Morcheln. Und Wege, auf denen wir zuvor unterwegs waren, haben auch keine Morcheln (mehr). Nein, so ist das natürlich nicht. Wir lassen auch immer ein paar Morcheln stehen, damit sich die Guten weiter vermehren können.

Superkraft Wasserspeicherfähigkeit

Wer schon mal Wäsche gewaschen und aufgehangen hat, weiß Bescheid: Unterschiedliche Kleidungsstücke trocknen unterschiedlich schnell. Fragt sich nur, was diese Metapher jetzt beim Pilze suchen bringen soll? Ganz einfach: So wie unterschiedliche Kleidungsstücke unterschiedlich schnell trocknen, sieht es auch mit den Böden aus.

Schwamm oder Fass ohne Boden?

Wie gut Böden Wasser aufnehmen und wie lange sie dieses speichern können, ist bei der Pilzsuche äußerst relevant. Diese zwei Faktoren sorgen mitunter dafür, dass ein Wald voller Pilze steht, während ein anderer ganz in der Nähe wie leer gefegt ist. Der Boden des ersten Waldes gleicht dann einem Schwamm, wohingegen der Boden des zweiten Waldes ein Fass ohne Boden ist.

Um zu verstehen, warum manche Böden Wasser besser speichern können als andere, müssen wir uns mit der Körnchengröße des Bodens beschäftigen. Dazu wagen wir zunächst mal ein Gedankenexperiment. Stellen wir uns zwei Haufen vor. Haufen A besteht aus Felsen, Haufen B hingegen ist ein Lehmhaufen. Wenn es jetzt anfängt zu regnen, passiert Folgendes: Das Regenwasser wird nicht lange in Haufen A gehalten werden, denn es kann sehr schnell durch die großen Lücken zwischen den Felsen abfließen. In Haufen B sieht die Lage hingegen ganz anders aus. Durch den feinen Lehm kann das Regenwasser nicht ansatzweise so schnell versickern. Der Lehmhaufen kann das Wasser auf diese Weise sehr lange speichern. Und während Haufen A nach wie vor eine Ansammlung aus harten Felsen bleibt, hat unser wassergesättigter Haufen B nun eine klebrige Konsistenz. Für Pilzsammelnde bedeutet das: Auf dem Lehmboden, der länger Wasser speichern kann, lassen sich auch länger Pilze finden als auf dem Felshaufen, der keine nennenswerte Wasserspeicherfähigkeit hat.

Vier Bodenarten und ihre Beziehung zu Wasser

Von unserem Gedankenexperiment zurück in die Realität. In der Bodenkunde unterscheidet man drei verschiedene Korngrößenfraktionen bei den Hauptbestandteilen der Böden:

Sand hat die größten Körnchen und damit eine eher schlechte Wasserspeicherfähigkeit. Wenn es regnet, kann Sandboden das Regenwasser zwar schnell und effektiv aufnehmen, aber es versickert dann auch schnell. So ist der Boden nach verhältnismäßig kurzer Zeit wieder trocken.

Schluff hat mittelgroße Körnchen und liegt mit seinen Eigenschaften zwischen Sand und Ton.

Ton hat die kleinsten Körnchen. Wenn es auf einen ausgetrockneten Tonboden regnet, kann es zunächst sein, dass der Boden das Regenwasser gar nicht richtig aufnimmt. Denn ein ausgetrockneter Tonboden gleicht einem Betonboden. Das Wasser fließt einfach auf dem Boden entlang, anstatt einzusickern – so ist schon das ein oder andere Hochwasser entstanden. Wenn der Tonboden allerdings erstmal Wasser aufnimmt, ist er dazu in der Lage, es besonders lange zu speichern. Dadurch bleibt es über lange Zeit für die Lebewesen im Boden verfügbar.

Lehm ist ein Gemisch der drei anderen Hauptbodenarten (Sand, Schluff, Ton) und hat, ähnlich wie Ton, recht gute Wasserspeicherfähigkeiten.

Die besten Böden für jedes Wetter

Wenn es viel geregnet hat und alle Böden gut mit Wasser versorgt sind, wird die Wasserspeicherfähigkeit des Bodens mehr oder weniger irrelevant, zumindest wenn man auf Pilze aus ist. Wenn es hingegen nur wenig regnet, ist die Wasserspeicherfähigkeit einer der wichtigsten Faktoren, die darüber entscheiden, ob man Pilze findet oder nicht.

Wenn es wenig regnet, ist die Wasserspeicherfähigkeit einer der wichtigsten Faktoren einer erfolgreichen Pilzsuche.

BEISPIELSZENARIO Es ist Sommer und der letzte Regen ist schon zwei Wochen her. Auf Sandböden hat man nun schlechtere Chancen, Pilze zu finden, als beispielsweise auf Lehmböden. Auf dem Sandboden ist das Regenwasser mittlerweile durchgesickert und der Boden ist staubtrocken. Der Lehmboden hingegen hat möglicherweise noch immer Wasser gespeichert und ist feucht genug für Pilzwachstum.

Wenn der letzte Regen schon eine Weile her ist, einfach den Fokus auf Böden mit feiner Körnung legen. Klingt doch gut.

Die geheime Zutat heißt Moos.

Damit es nicht so einfach bleibt, müssen wir unbedingt auch über Ausnahmen sprechen. Man kann nämlich doch auf Sandböden Pilze finden, auch wenn der letzte Regen schon etwas her ist. Die geheime Zutat heißt in diesem Falle: Moos. Moos ist ein grandioser Wasserspeicher. Wenn man also schon unter schwierigen Feuchtigkeitsbedingungen auf Sandböden unterwegs ist, dann sollte man vor allem in Wäldern mit einer dicken Moosschicht suchen.

Auch eine dicke Schicht organischen Materials kann je nach Zusammensetzung und Beschaffenheit ein guter Wasserspeicher sein. Um einen Eindruck davon zu bekommen, hilft ein beherzter Griff in den Boden und ein liebevolles Zusammenquetschen, als hätte man einen Schwamm in der Hand.

Feuchte Böden mit Karten finden

Stellt sich nur noch die Frage, mit welchen Karten man am besten online Vorabrecherche betreibt. Man könnte jetzt gewiss mit Karten arbeiten, die die Bodenkörnung darstellen. Noch einfacher geht es aber mit Karten, die für die Landwirtschaft von besonderem Interesse sind: Karten der Feldkapazität und Wasserdurchlässigkeit.

Feldkapazität: *Wie lange kann ein mit Wasser gesättigter Boden Regenwasser halten?*
Wasserdurchlässigkeit: *Wie schnell versickert Wasser im Boden?*

In trockenen Zeiten sind Böden mit einer großen Feldkapazität und einer niedrigen Wasserdurchlässigkeit besonders geeignet für Pilzfunde.

In eher trockenen Zeiten sind vor allem Böden mit einer großen Feldkapazität (das Wasser wird lange gespeichert) und mit einer eher niedrigen Wasserdurchlässigkeit (das Wasser versickert nur langsam) besonders geeignet für Pilzfunde.

GUTE GRÜNDE sich mit Karten zum Wasserhaushalt des Bodens auseinanderzusetzen

1. Man erkennt unterschiedliche Wasserspeicherfähigkeiten je nach Bodenart und kann Rückschlüsse auf die Pilze ziehen.
2. Man erkennt unterschiedliche Wasseraufnahmefähigkeiten je nach Bodenart und kann Rückschlüsse auf die Pilze ziehen.

© 2025 BGR

Karte zur Feldkapazität der Böden in Deutschland vom Geoportal der Bundesanstalt für Geowissenschaften und Rohstoffe. Je brauner der Boden dargestellt ist, desto besser kann er Wasser über längere Zeit speichern.

Es war in einem recht verregneten Sommer. Die letzten Wochen waren äußerst pilzreich gewesen und wir konnten in jeden beliebigen Wald fahren, um Pilze zu finden. Vorabrecherchen über die Wasserspeicherfähigkeit des Bodens und Niederschlagsmengen waren irrelevant. Doch leider, kein Sommer ist durchgehend verregnet (schön wäre es!). Die Trockenheit kam. Verwöhnt von den letzten Wochen, mussten wir uns erstmal wieder daran gewöhnen, dass Pilze nicht einfach so an jedem Wegesrand wachsen. Die Zeit strich ins Land und die Pilze verschwanden nach und nach. Zumindest in den sandigen Wäldern, in denen wir in der letzten Zeit so gerne unterwegs gewesen waren. Darum fassten wir nach zwei Wochen ohne Regen einen Entschluss: Regentänze funktionieren nicht, aber lass es uns doch mal auf einem Boden mit einer guten Wasserspeicherfähigkeit versuchen, vielleicht geht da ja noch was! Unsere Wahl fiel auf einen Laubwald mit Lösslehm. Kaum im Wald angekommen, merkten wir schon bei einer ersten Begutachtung des Bodens: Hier geht was! Wir sollten recht behalten. Der Wald quoll über vor Sommer-Steinpilzen, zu Hunderten wuchsen sie hier. Sogar die seltenen Bronze-Röhrlinge waren in großer Zahl zur Stelle. Ein voller Erfolg, dem Lehmboden sei Dank.

Verpilzte Landschaft: Topographie auskosten

Wer im Hügel- oder Bergland Pilze sucht, merkt das nicht nur in den Beinen. Auch die Pilzwelt ist eine ganz andere als die des Flachlandes. Tatsächlich gibt es in den Bergen des Öfteren eine höhere Artenvielfalt an Pilzen als in der Ebene. Das könnte daran liegen, dass Pilze auf Bergpanoramas stehen. Aber wahrscheinlich spielen ganz andere Faktoren hierbei eine Rolle. Diese wollen wir uns nun anschauen und lernen, warum topographische Karten bei der Pilzsuche sehr nützlich sein können. So können wir mehr Arten, aber auch höhere Stückzahlen finden.

Jahreszeiten sind relativ

In der ersten Jahreshälfte hinkt die Pilzwelt der Berge dem Tiefland hinterher. Das ändert sich in der zweiten Jahreshälfte: Während unten noch Spätsommer ist, beginnt oben langsam der Herbst.

Es ist kein Geheimnis, aber es gibt einen allgemeinen Trend in der Natur: Je höher man geht, umso kürzer werden die Vegetationsperioden. Soll heißen, in hohen Lagen beginnt der Frühling später und der Herbst früher als in tiefen Lagen. Und genau das kann man sich zunutze machen. Hat man im Tal die Frühlingspilze verpasst oder kann einfach nicht genug von ihnen bekommen, kann man sich einfach dem Frühling anschließen und mit ihm gemeinsam Schritt für Schritt den Berg erklimmen. Während Spitz-Morcheln in tiefen Lagen bereits im März ihren Höhepunkt erreichen, wachsen sie in hohen Lagen mitunter erst im Mai.

In der ersten Jahreshälfte hinkt die Pilzwelt der Berge immer etwas dem Tiefland hinterher. Doch das soll sich in der zweiten Jahreshälfte ändern! Während unten noch Spätsommer ist, beginnt oben bereits so langsam der Herbst. Und die etwas kühleren Temperaturen lassen viele Herbstpilze schon dann sprießen, wenn unten im Spätsommer noch lange nicht an sie zu denken ist.

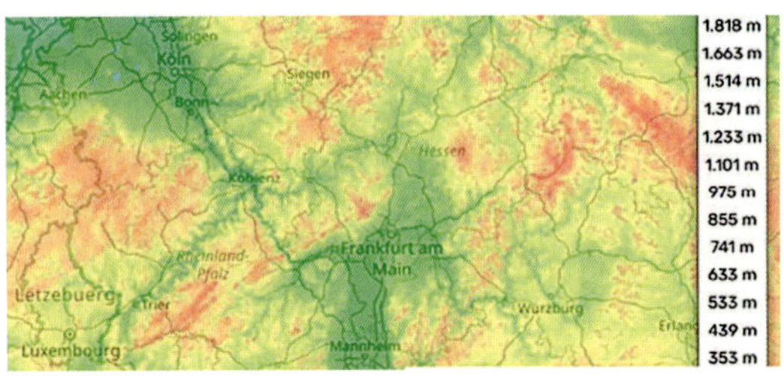

© topographic-map.com

Topographische Karte von topographic-map.com. Hier bekommt man eine gute Übersicht über hohe und tiefe Lagen.

Wenn Hänge über Arten entscheiden

Je nachdem, in welche Himmelsrichtung ein Hang ausgerichtet ist, kann es massive Unterschiede in den Pilzvorkommen geben. Wärmeliebende Pilze fühlen sich an sonnigen Südhängen wesentlich wohler als auf den kühlen Nordseiten der Berge.

Auch die Uhren ticken auf den Hängen etwas anders. Die ersten Pfifferlinge des Jahres finden wir beispielsweise bevorzugt an Südhängen (die trotzdem feucht genug sind). In heißen und trockenen Sommern empfiehlt es sich eher, sich nach Nordhängen und bisweilen auch Westhängen umzuschauen. Nordhänge können Feuchtigkeit häufig länger halten, weil sie weniger von der Sonne gegrillt werden. Westhänge bekommen oft besonders viel Regen ab, da Westen hier in Mitteleuropa die klassische „Wetterseite" ist, von der die Regengebiete kommen. Hänge und Böschungen sind auch vor Ort im Wald faszinierende Orte, weil sich dort mitunter eine ganz besondere Pilzvielfalt bilden kann. Mehr dazu später auf Seite 73.

Nordhänge können Feuchtigkeit häufig länger halten, weil sie weniger von der Sonne gegrillt werden. Westhänge bekommen oft besonders viel Regen ab, da Westen in Mitteleuropa die klassische „Wetterseite" ist. Hänge und Böschungen sind faszinierende Orte, weil sich dort eine besondere Pilzvielfalt bilden kann.

Von Regen und Schatten

Dem Regen folgen ist eine gute Idee, wenn es um die Pilzsuche geht. Berge können da behilflich sein. Denn am Fuße eines Bergs regnet es zumeist weniger als am Gipfel. Ein Phänomen, das man sich hier indirekt zunutze machen kann, ist der sogenannte Steigungsregen.

Steigungsregen: Der Wind treibt feuchte Luft gegen den Berg. Diese Luft steigt am Berg auf und kühlt dabei immer weiter ab. Kalte Luft kann Feuchtigkeit schlechter halten als warme Luft. Darum bilden sich Wolken und es fängt an zu regnen. Aus diesem Grund gibt es mehr Niederschläge in höheren Lagen.

Wo Regen ist, ist auch Schatten. Und dieser Regenschatten liegt auf der windabgewandten Seite des Berges (oder Gebirges). Denn während auf der windzugewandten Seite der Steigungsregen für reichlich Feuchtigkeit sorgt, regnet es auf der anderen Seite umso weniger.

GUTE GRÜNDE sich mit topographischen Karten auseinanderzusetzen

1. Veränderte Jahreszeiten sind abhängig von der Höhenlage.
2. Es gibt unterschiedliche Pilzvorkommen je nach Hangseite.
3. Wo ist Steigungsregen und damit feuchterer Boden zu erwarten?
4. Wo ist Regenschatten und damit trockenerer Boden zu erwarten?

Steigungsregen und Regenschatten: Auf der wetterzugewandten Seite regnen sich die Wolken ab. Auf der anderen Seite des Berges bleibt es trockener.

Da wir in den Bergen leben, ist für uns Topographie beim Pilzesammeln mindestens genauso wichtig wie der Pilzkorb. Na gut, das war jetzt zugegebenermaßen übertrieben, aber wir schauen schon des Öfteren mal auf topographische Karten. Diesen Karten haben wir zwei ganz besondere Pfifferlingsstellen zu verdanken. Zum einen die Stelle „Goldener Mai" und zum anderen die Stelle „Pilzparty im Dürresommer".

„Goldener Mai" ist ein lichter Südhang mit mittelalten Fichten und einer gesunden Moosschicht. Viele südlich ausgerichtete Fichtenwälder sind bei uns schon längst dem Borkenkäfer zum Opfer gefallen, aber diesem Hang geht es überraschend gut. Vielleicht liegt es auch an seiner Höhenlage von fast 1000 m über dem Meeresspiegel. Dort finden wir jedes Jahr die ersten erntereifen Pfifferlinge, nämlich schon Ende Mai. Mitte Juni hat dieser Hang in Sachen Pfifferlingen dann auch schon seinen Zenit überschritten. Pfifferlinge finden wir danach trotzdem noch am gleichen Berg, dann aber eher an den Westhängen.

„Pilzparty im Dürresommer" ist ein Nordhang in unserer Gegend, den wir immer dann aufsuchen, wenn es vor lauter Trockenheit nirgends mehr Pilze gibt. Denn dieser Hang ist nördlich ausgerichtet und hat ein geschlossenes Kronendach. Dort ist es einfach immer dunkel und feucht. Die Pilzparty besteht dort hauptsächlich aus Amethyst-Pfifferlingen, zu denen sich in trauter Runde ein paar Echte Pfifferlinge und ein paar Semmel-Stoppelpilze gesellen.

Bäume suchen, Pilze finden

Der folgende Abschnitt wird nicht nur für Menschen, sondern auch für Außerirdische mit Pilzleidenschaft interessant. Denn auch vom Weltall aus kann man ganz wunderbar Pilze finden. Oder zumindest geeignete Habitate. Und das ist ja oft schon die halbe Miete. Steinpilze und Pfifferlinge sind ziemliche Generalisten. Das heißt, für sie kommen alle möglichen Baumarten als Symbiosepartner infrage. Ob nun Buche, Eiche, Fichte oder Kiefer, das ist ihnen eigentlich relativ egal. Doch nicht alle Pilze sind so genügsam bei der Partnerwahl. Es gibt Pilzarten, die gehen nur mit einer einzigen Baumart in Symbiose. Genauso gibt es auch Pilze, die verdauen nur das Totholz von ganz bestimmten Bäumen. Fakt ist: Ohne Pilze geht in der Pflanzenwelt gar nichts, denn etwa 80 bis 90 Prozent aller Pflanzen leben mit Pilzen in Symbiose. Nicht alle dieser Pilze bilden allerdings Fruchtkörper, darum sind für die Speisepilzsuche vor allem die Bäume interessant.

Ein Faible für bestimmte Baumarten

Wenn man gezielt nach bestimmten Pilzarten sucht, kann man sich sehr viel Laufarbeit sparen, indem man mithilfe von Satellitenfotos vorab die Umgebung nach geeigneten Wäldern absucht. Auf diesen kann man nämlich erkennen, ob ein Wald aus Laubbäumen oder Nadelbäumen besteht. In manchen Fällen lassen sich sogar Baumarten identifizieren.

WÄHLERISCHE PILZARTEN

1. Edel-Reizker – Kiefer
2. Espen-Rotkappe – Zitterpappel
3. Rauchblättriger Schwefelkopf – Nadelgehölze
4. Igel-Stachelbart – Laubgehölze
5. Sommer-Steinpilz – Buche, Eiche

Baumarten bestimmen: Schritt für Schritt aus dem Weltall

Grundsätzlich empfiehlt es sich zunächst erstmal, nach Anbietern von Satellitenfotos zu suchen. Der Klassiker ist da wohl Google (Maps/Earth). Allerdings lohnt sich auch ein Blick über den Tellerrand zu anderen Anbietern, zum Beispiel Bing oder GraphHopper. Denn die Qualität von Satellitenfotos kann sehr schwanken. Manchmal ist sie optimal, manchmal aber auch eher unscharf.

Je nach Region hat mal der eine, mal der andere Kartenservice die besseren Bilder.

Hat man den Anbieter mit der besten Bildqualität gefunden, geht es ans Bestimmen der Baumarten. Laub- und Nadelwälder lassen sich relativ einfach auseinanderhalten. Laubwälder haben immer hellere Grüntöne als Nadelwälder. Am besten kann man den Unterschied sehen, wenn man sich Mittelgebirgsregionen näher anschaut. Im Schwarzwald gibt es beispielsweise sowohl Buchenwälder als auch Fichten-Weißtannen Wälder. Erstere sind eher gras- bis hellgrün, zweitere eher dunkelgrün, bisweilen sogar schwärzlich-blaugrün.

Laubwald (grün) und Nadelwald (dunkelgrün) lassen sich im Satellitenbild mitunter sehr leicht unterscheiden.

Satellitenbild aus dem Frühling (links). Die Laubbäume haben noch fast keine Blätter und sind darum als „Gerippe“ sichtbar. Die Nadelbäume hingegen sind deutlich dunkelgrün.
Kiefern (rechts) sind eher graugrün, Laubbäume eher gesättigt grün.

Noch einfacher wird es, wenn die Satellitenfotos im Winter entstanden sind. Dann stehen die Laubbäume einfach nur als braune Gerippe da, während die Nadelwälder weiterhin intensiv dunkelgrün gefärbt zu erkennen sind.

Etwas schwieriger wird es, bestimmte Baumarten zu identifizieren. Am einfachsten gelingt das meistens noch bei der Kiefer, da sie sich durch ihren eher spärlichen Wuchs und ihre blaugrüne Farbe recht gut von den meisten anderen Baumarten abhebt. Eine Unterscheidung von Fichte und Weißtanne oder Buche und Eiche anhand von Satellitenfotos ist hingegen wesentlich schwieriger bis unmöglich.

Auch Obstbäume kann man auf Satellitenfotos gut erkennen. Apfel- und Kirschbäume werden in manchen Regionen gerne auf sogenannten Streuobstwiesen gepflanzt. Und das sind wiederum wichtige Habitate für die Morchelsuche. Streuobstwiesen erkennt man daran, dass dort Bäume in Reihen wachsen. Zwischen den einzelnen Bäumen ist immer etwas Platz, das unterscheidet Streuobstwiesen von Plantagen, wo Obstbäume ohne Abstände zueinander gepflanzt werden.

In Reihen gepflanzte Laubbäume mit luftigen Abständen zueinander lassen auf Streuobstwiesen schließen.

Auch einzeln stehende Obstbäume können für die Morchelsuche interessant sein, allerdings lassen diese sich aus dem Weltall schwieriger identifizieren als eine ganze Streuobstwiese.

Eine Möglichkeit, die man noch versuchen kann, ist, sich gewisse „Referenzwälder" herauszusuchen. Das sind Wälder, die man bereits sehr gut kennt und bei denen man weiß, wo welche Baumarten stehen. Diese Wälder sucht man sich nun als Satellitenbilder heraus und merkt sich, wie welche Baumart aussieht und überträgt das dann auf benachbarte Wälder.

Baumarten bestimmen mit künstlicher Intelligenz

Das Zeitalter der KI ist schon längst da und bringt auch uns Pilzsuchenden so manche Erleichterung. (Noch) müssen wir viele Schritte der Habitatssuche selber machen, aber wer weiß, vielleicht gibt es ja eines Tages eine KI, die alles, was in diesem Buch steht, mit ein paar Klicks ausführt? Auch wenn es noch nicht so weit ist, gibt es dennoch erste KI-Werkzeuge, die man zum Pilzesuchen nutzen kann. Ein besonders praktisches Tool ist der „Waldmonitor". Der Waldmonitor kann nämlich mithilfe von Satellitenfotos sieben verschiedene Baumarten unterscheiden. Wir haben dank des Waldmonitors schon den ein oder anderen spannenden Wald gefunden.

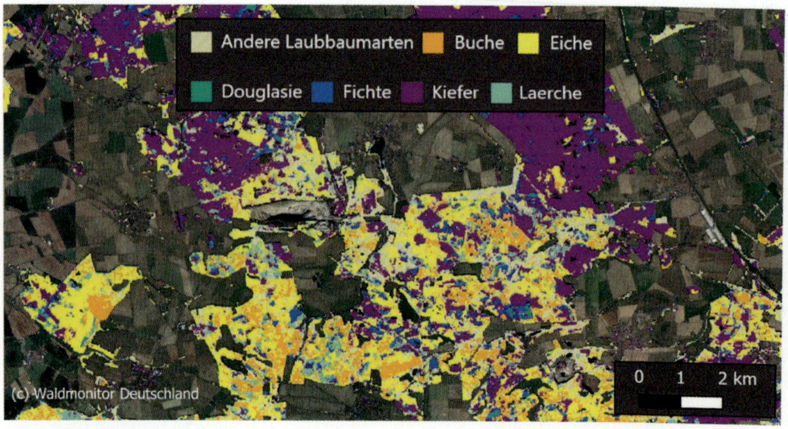

Mit dem Waldmonitor wird das Baumartenfinden ganz einfach.

GUTE GRÜNDE Baumarten mit Satellitenfotos zu bestimmen

1. Man hat weniger Laufarbeit.
2. Die Pilzsuche nach bestimmten Arten kann viel gezielter stattfinden.
3. Dadurch erhöhen sich die Fundchancen.

Als wir noch in Berlin lebten und regelmäßig durch Brandenburgs Wälder wanderten, war die Krause Glucke eine der Pilzarten, die wir am häufigsten finden konnten. Der Grund dafür ist offensichtlich: Die Kiefer ist in Brandenburg vielerorts die dominierende Baumart und Krause Glucken sind Pilze, die ausschließlich an Kiefern parasitieren. Teilweise ist die Kiefer in den Wäldern Brandenburgs so häufig, dass sie fast schon anfängt zu nerven. Nach Kilometern und Stunden von Kiefern bekommt man so langsam das Gefühl, andere Baumarten existieren gar nicht und sind nichts als eine Wahnvorstellung.

Seit wir in den Schwarzwald gezogen sind, hat sich die Situation deutlich verändert. Wir finden in unserer neuen Region zwar eine insgesamt höhere Artenvielfalt als in Brandenburg, aber eine Baumart vermissen wir schmerzlich: die Kiefer. In dem Teil des Schwarzwaldes, in dem wir wohnen, ist die Kiefer sehr rar gesät. Dachten wir zumindest. Denn nach ausgiebigen Recherchen mit Satellitenfotos und dem Waldmonitor konnten wir doch ein paar Kiefernwälder identifizieren. Und seither finden wir im Herbst auch wieder Krause Glucken. Ein Glück.

Alles eine Frage des Alters, des Baumalters

Ob Durchmesser, Abstände oder Schatten – das Baumalter lässt sich mit verschiedenen Parametern abschätzen.

Von jung bis alt – Bäume brauchen Pilze und Pilze brauchen Bäume. Und so wie wir Menschen uns im Laufe unseres Lebens mit unterschiedlichen Menschen umgeben, sieht es auch in der Natur aus. Klar, es gibt auch Pilz-Baum-Beziehungen, die in jungen Tagen starten und bis ins hohe Alter bestehen. Aber manch anderer Pilz kommt dazu, manch anderer hingegen verschwindet wieder. Bei bestimmten Pilzarten macht es Sinn, gezielt auf die Suche nach Bäumen in einem bestimmten Alter zu gehen.

In einem gesunden natürlichen Wald-Ökosystem wachsen Bäume in allen Altersklassen. Aber solche Wälder sind leider seltener, als man denkt, und dank intensiver menschlicher Eingriffe gibt es viele Wälder, in denen alle Bäume genau gleich alt sind. Wir wollen nun erneut Satellitenbilder zurate ziehen, nur dieses Mal, um die geeigneten Zwerge oder Riesen zu finden.

Bei bestimmten Pilzarten macht es Sinn, gezielt nach Bäumen in einem bestimmten Alter zu suchen.

Pilze unter alten Knackern, Pilze unter Jungbäumen

Pfifferlinge sind ja an und für sich ziemliche Allerweltspilze. Man trifft sie sowohl unter Nadel- als auch unter Laubbäumen und das Alter der Bäume spielt eigentlich keine Rolle. Aber es gibt Habitate, die Pfifferlinge ganz besonders lieben, wo sie mitunter zu Tausenden auftreten. Und das sind Orte, an denen das ökologische Herz blutet: Monokulturen aus jungen Fichten, die extrem dicht zusammenstehen, sodass kaum Licht auf den Boden kommt. Pfifferlinge lieben das, warum auch immer. Hier haben wir eine Situation, in der wir nach jungen Bäumen suchen können, um fündig zu werden.

Totholzpilze sind immer ein Grund zur Freude. Ob nun im Winter köstliche Austernseitlinge und Samtfußrüblinge oder im Herbst die äußerst seltenen schonenswerten Stachelbärte. Doch wo kann man überhaupt geeignete Wälder finden? Totholz ist vielerorts noch immer eine seltene Erscheinung. Hinzu kommt, dass viele begehrte Totholzpilze auch nicht jedes erdenkliche Totholz nehmen. Es sollte schon ein alter dicker Baumstamm sein – und kein Alibi-Totholz, also irgendein zehn Jahre alter Winzbaum, der bei den letzten Fällarbeiten versehentlich umgefallen ist. Um die Chancen auf interessante Totholzvorkommen zu erhöhen, sollte man also besser nach Wäldern mit alten Bäumen schauen.

Junge Bäume, alte Bäume: So funktioniert's mit Satelliten

Und wie geht das Ganze jetzt? Was wir brauchen, sind wieder einmal Satellitenfotos. Wie auch im vorherigen Abschnitt kann man alle möglichen Anbieter hinsichtlich der Qualität ihrer Bilder vergleichen.

Bei dieser Karte gilt: Je dunkler und blauer, desto höher die Bäume. Karten zur Vegetationshöhe können sehr hilfreich sein, alte oder junge Wälder zu finden.

Viele Jahre haben wir junge Fichtenaufforstungen sträflich ignoriert. Was wir damit meinen, sind die eingangs beschriebenen Forste, in denen alle Bäume Fichten sind, alle Bäume gleich alt sind und alle Bäume extrem dicht gepflanzt sind. Anpflanzungen mit geringem ökologischen Wert, aber ambitionierten ökonomischen Zielen. Als wir dann eines Tages überrascht feststellten, dass in einer solcher Aufforstung bei uns in der Nähe abertausende Pfifferlinge wuchsen, änderte sich das. Inspiriert von diesem Schlaraffenland im dystopischen Fichtendickicht suchten wir weitere Orte dieses Typs auf. Und fanden Pfifferlinge. Viele, viele Pfifferlinge.

Im nächsten Schritt heißt es, sich verschiedene Wälder anzuschauen, um ein Gefühl für die Unterschiede zu bekommen. Auf drei Sachen sollte man besonders achten:

1. **Durchmesser der einzelnen Bäume:** Junge Bäume haben einen kleineren Durchmesser als die alten ausgewachsenen Kollegen.

2. **Abstände zwischen den Bäumen:** Junge Bäume stehen dichter gedrängt, ältere hingegen brauchen mehr Platz. Man könnte auch sagen, auf einer Fläche mit jungen Bäumen stehen mehr Individuen als auf einer gleich großen Fläche mit älteren Bäumen.

3. **Schatten:** Je nachdem, unter welchen Umständen die Satellitenfotos entstanden sind, kann man die Schatten sehen, die die Bäume werfen. Größerer Schatten bedeutet größerer Baum, logisch. Zumindest wenn Zeitpunkt und Lichtbedingungen der Fotos übereinstimmen.

Der einfache Weg, der nicht immer möglich ist: Wenn man Glück hat, findet man Karten zur Vegetationshöhe. In der Schweiz gibt es das beispielsweise. Dort wurde die gesamte Vegetation mit Fernerkundungssensoren vermessen. Solche Karten sind besonders übersichtlich und machen die Recherche sehr einfach. Eine hohe Vegetationshöhe lässt auf alte Bäume schließen und umgekehrt. Wenn man die gefundenen Wälder abschließend noch mit Satellitenfotos auf Baumarten untersucht, weiß man schon so einiges über den Ort, ohne je dort gewesen zu sein.

GUTE GRÜNDE das Baumalter mit Satellitenfotos zu bestimmen

1. Geeignete Habitate für bestimmte Pilzarten lassen sich sehr schnell finden.
2. Man kann mehr Arten entdecken.
3. Bei manchen Pilzarten sind größere Fundmengen zu erwarten.

Kartierungen nutzen

In den letzten Jahren sind Apps zum Kartieren unglaublich beliebt geworden. Egal ob Pilz, Pflanze oder Tier, es gibt nichts, was man nicht kartieren oder eben auch finden kann. Doch was ist Kartierung genau und warum macht man das überhaupt? Beim Kartieren dokumentiert man den Fund einer Art, zum Beispiel vom Birkenporling, auf einer Karte. Je nach Anbieter kann man sich jetzt noch entscheiden, wie genau man den Fund auf der Karte festhalten möchte. Auf den Meter genau mit perfekten GPS-Koordinaten oder doch eher nur ganz grob „Irgendwo in diesem 10-Hektar-Wald gibt es einen Birkenporling." Diese Kartierungen sind dann auch für andere sichtbar.

Warum man am besten noch heute mit dem Kartieren anfängt

Und warum das Ganze? Natürlich geht es dabei nicht darum, anderen Menschen die tollsten Pilz-Spots zu verraten. Vielmehr sind die meisten öffentlich zugänglichen Kartierungs-Projekte Citizen Science, also eine Art wissenschaftliches Projekt, bei dem alle mitmachen dürfen.

Diese Kartierungsdaten können vielseitig genutzt werden – egal, ob für wissenschaftliche Studien oder vielleicht auch die Konzeption eines neuen Naturschutzgebietes. Grundsätzlich gilt also erstmal: Mitmachen und selber kartieren lohnt sich und ist Ehrensache!

Mithilfe von Kartierungsdaten neue Fundstellen entdecken

Nun stellt sich vielleicht die Frage, wie man Kartierungen bei der Pilzsuche nutzen kann. Man kann zunächst direkt nach der gewünschten Pilzart suchen und wird mit etwas Glück fündig. Allerdings wird man vermutlich nicht die tollsten Stellen zum Sammeln finden, denn wer verrät die schon gerne? Aber man kann die Kartierungsdaten auch gut indirekt nutzen, um spannende neue Pilzhabitate zu finden. Manchmal muss man einfach mal um die Ecke denken.

BEISPIELSZENARIO Angenommen man möchte eine ganz bestimmte Pilzart finden, zum Beispiel den giftigen Satansröhrling. Als Erstes schaut man direkt nach der Art. Aber wie das so ist, in unserem Beispielszenario finden wir keine einzige Kartierung von diesem Pilz. Im nächsten Schritt kann man dann recherchieren, welche ökologischen Ansprüche der Satansröhrling hat. Schließlich überlegt man sich noch, ob man Pflanzen oder Pilze kennt, die ähnliche Ansprüche haben. In unserem Beispiel wären das unter anderem das Leberblümchen oder auch der Wurzelnde Bitterröhrling. Nun sucht man nach Kartierungen von diesen beiden Arten und findet so womöglich auch geeignete Habitate für den Satansröhrling.

Von seltenen Röhrlingen über prachtvolle Blüten bis hin zu köstlichen Morcheln – auf basischen Böden ist einiges los.

Wer hat die besten Fund-Daten?

Was Apps und Portale mit Kartierungen angeht, ist die Lage durchaus unübersichtlich. Allein im deutschsprachigen Raum gibt es mehrere Seiten. Wir verwenden am liebsten iNaturalist. Dort kann man von Pilzen über Pflanzen und Tiere wirklich alles kartieren, was in der Natur lebt. Zudem ist die Community sehr groß und umfasst den gesamten Globus. Aber es gibt noch einige andere Seiten, auf denen man fündig werden kann, darum hier mal eine kleine Übersicht:

- pilze-deutschland.de
- pilze.rotelistezentrum.de
- pilzkartierung.de
- naturgucker.de
- inaturalist.org
- pilzdaten-austria.eu
- austria.mykodata.net
- wsl.ch/map_fungi

GUTE GRÜNDE sich mit Kartierungen bei der Pilzsuche auseinanderzusetzen

1. Man kann Verbreitungsgebiete von Arten erfassen.
2. Man kann seltene oder bedrohte Arten identifizieren und erweitert den eigenen Blick für andere Arten.
3. Man kann Veränderungen in Populationen beobachten (zum Beispiel Blütezeit oder Wanderungsmuster).
4. Man kann aktiv zur Erforschung und dem Schutz der Natur beitragen.
5. Man hilft, invasive Arten zu überwachen.
6. Man kann neue Habitate entdecken.

Morcheln finden ist eine der Königsdisziplinen beim Pilzesuchen. Das Zeitfenster beträgt nur wenige Wochen und die Pilze haben hohe Ansprüche an ihr Habitat. Hinzu kommt dann noch: Sie sind extrem beliebt! Mithilfe von Kartierungen ist es uns schon gelungen, Morchel-Stellen zu finden. Eine Suche nach Morchel-Kartierungen ist zumeist sinnlos. Wer gute Stellen kennt, wird diese wohl kaum auf den Meter genau kartieren. Wir selbst haben zwar schon die mit den Morcheln verwandten Fingerhut-Verpeln kartiert, uns dabei aber bewusst für eine Genauigkeit von mehreren Quadratkilometern entschieden. Die Stelle wird anhand unserer Kartierung niemand so leicht finden. Bei dieser Pilzart war uns das auch deshalb besonders wichtig, weil die Fingerhut-Verpel als Rote-Liste-Art unserer Meinung nach zu selten zum Sammeln ist. Und genau so machen es auch die meisten anderen, die Morcheln kartieren. Erfolg hatten wir allerdings schon, indem wir nach Kartierungen von Zeigerpflanzen (Seite 82) für Morcheln gesucht haben, beispielsweise von Gelben Windröschen. Dieses Pflänzchen hat sehr ähnliche Standortansprüche wie Morcheln und man findet es durchaus mal in deren Nähe.

Wenn Speisepilze giftig sind: Schadstoffe vermeiden

Die gesundheitlichen Vorteile von Pilzen wurden lange Zeit massiv unterschätzt und erst in den letzten Jahren erfahren Pilze den Hype, den sie verdienen. Immer mehr Wirkstoffe werden entdeckt, immer mehr Studien veröffentlicht. Pilze und Gesundheit sind zwei Themen, die immer mehr zusammenwachsen. Doch bei aller Euphorie sollte man eines nicht vergessen: Pilze sind wie Schwämme, was Schwermetalle angeht. Auch radioaktive Strahlung reichern sie gerne an. Darum kann es sein, dass Pilze, die an belasteten Orten gesammelt werden, alles andere als gesund sind.

Schwermetalle

Schwermetalle wie Blei oder Cadmium können sich in Pilzen anreichern, da diese Stoffe aus dem Boden und der Luft aufnehmen. Der Verzehr belasteter Pilze kann gesundheitsschädlich sein und zu Nieren- oder Leberschäden führen. Besonders gefährlich ist eine langfristige Aufnahme, da sich Schwermetalle im Körper anreichern und chronische Vergiftungen verursachen können.

Nicht alle Pilze sind gleich

Nicht jeder Pilz akkumuliert jedes Schwermetall gleich stark. Meist sammelt eine Pilzart ein bis wenige Schwermetalle besonders gut, aber eben nicht alle.

Wenn man bestimmte Pilze sammeln möchte, sollte man sich informieren, ob die jeweilige Art dazu neigt, bestimmte Schwermetalle besonders stark anzureichern. Nicht jeder Pilz akkumuliert jedes Schwermetall gleich stark. Normalerweise ist es eher so, dass eine Pilzart ein bis wenige Schwermetalle besonders gut ansammeln kann, aber eben nicht alle.

EINE AUSWAHL an Pilzarten die besonders gerne Schwermetalle akkumulieren

1. Anis-Egerling
2. Fliegenpilz
3. Parasol
4. Violetter Lacktrichterling
5. Wiesen-Champignon

Schwermetalle vermeiden heißt Risikogebiete meiden

Um Pilze voller Schwermetalle zu vermeiden, sollte man keinesfalls in folgenden Risikogebieten sammeln:

- Straßenränder
- Parkplätze
- Industriegebiete
- Bergbaugebiete
- Intensivgrünland

Straßenränder und Parkplätze sind besonders durch Abgase und Reifenabrieb belastet. Auch Industriegebiete können durch Abgase verunreinigt werden. Hinzu kommt, dass hier Abfälle den Boden belasten können. In Bergbaugebieten führt die intensive Rohstoffgewinnung mitunter zu erhöhten Schwermetallwerten im Boden. Das muss allerdings nicht immer so sein. Bei Intensivgrünland handelt es sich um stark gedüngte Wiesen („Fettwiesen"). Manche Düngemittel können erhöhte Schwermetallwerte aufweisen. Wenn derartige Düngemittel viel und regelmäßig genutzt werden, kann die Wiese belastet sein. Darum macht es Sinn, Wiesen, auf denen man Pilze sammelt, auch den Rest des Jahres im Auge zu behalten, um einen Eindruck von der Düngeintensität zu bekommen.

Der Schopf-Tintling liebt Wegränder oder wächst sogar mal an den „unmöglichsten" Orten.

Auch bei Schwermetallen heißt es: Karten können helfen! Im Internet findet man mit etwas Glück auch Schadstoffkarten. Wie gut diese sind, ist unterschiedlich, denn nicht alle sind hochauflösend oder unterscheiden verschiedene Schadstoffe. Am besten man schaut in den jeweiligen Bundesländern, Kreisen oder Gemeinden, oder fragt einfach mal nach, zum Beispiel im Umweltministerium des jeweiligen Bundeslandes.

Radioaktivität

Ungefähr genauso wenig erfreulich wie ein Schwermetall-Pilz ist ein radioaktiver Pilz. Spätestens seit der Nuklearkatastrophe von Tschernobyl ist bekannt, dass Pilze erhöhte Werte von Cäsium-137 aufweisen können. Doch hier schon mal die guten Nachrichten: Die Lage hat sich mittlerweile wieder sehr entspannt und an den meisten Orten ist ein sicheres Pilzesammeln und Verspeisen bedenkenlos möglich.

Nicht jeder Pilz ist gleich verstrahlt

Das Risiko, dass ein Pilz erhöhte Cäsium-Werte aufweist, ist von Pilzart zu Pilzart unterschiedlich. Ein erhöhtes Risiko besteht beispielsweise bei Maronen-Röhrling und Semmel-Stoppelpilz. Ob die Pilzart, die man gerne sammeln möchte, aktuell noch als Risikoart gilt, erfährt man beim Bundesamt für Strahlenschutz.

Man könnte nämlich auch sagen (oder singen): „Das Wandern ist des Cäsiums Lust." Die radioaktive Wolke des Reaktorunfalls in Tschernobyl 1986 gelangte wenige Tage nach dem Unglück nach Mitteleuropa. Durch sie gelangte radioaktives Cäsium-137 in unsere Ökosysteme. Dieses Cäsium wandert seitdem langsam in immer tiefere Bodenschichten. Pilze, deren Myzel in den oberen Schichten zu finden ist, waren darum in den ersten Jahren nach dem Reaktorunfall besonders betroffen. Ein Beispiel dafür ist der Violette Lacktrichterling. Mittlerweile ist das Cäsium jedoch so tief in den Boden vorgedrungen, dass oberflächlich wachsende Pilze, wie der Lacktrichterling, nicht mehr so stark kontaminiert sind wie einst. Dafür sind heutzutage Arten, die vergleichsweise tief wachsen, wie zum Beispiel die Hirschtrüffeln, tendenziell stärker betroffen. Außerdem gibt es bestimmte Pilzarten, die das Cäsium in der Huthaut akkumulieren, wie zum Beispiel der Maronen-Röhrling.

EINE AUSWAHL an Pilzarten die mancherorts immer noch mit Radioaktivität belastet sind

1. Trompeten-Pfifferling
2. Maronen-Röhrling
3. Rotfuß-Röhrling
4. Semmel-Stoppelpilz

Radioaktive Wälder? Hier gibt's Hilfe

Wie sehr ein Pilz strahlt oder nicht, hängt auch von dem Ort ab, von dem er stammt. In Deutschland gibt es bestimmte Gebiete, die von Tschernobyl wesentlich stärker betroffen waren als andere. Eines dieser Gebiete ist der Bayerische Wald. Dort gesammelte Proben weisen auch heutzutage manchmal noch erhöhte Werte auf. Insgesamt ist der Trend aber über die Jahre rückläufig. Welche Region wie stark betroffen war und ist, erfährt man beim Bundesamt für Strahlenschutz.

Das Bundesamt für Strahlenschutz veröffentlicht jährlich einen Bericht über die gemessene radioaktive Strahlung in Pilzen. Dafür werden Proben verschiedener Arten von verschiedenen Orten untersucht. Diese jährlichen Berichte findet man auf bfs.de. Wer auf Nummer sicher gehen will (insbesondere, wenn man in einem Risikogebiet sammeln möchte), schaut am besten dort einmal im Jahr vorbei und bringt sich auf den neuesten Stand. Dann weiß man nicht nur, wo man aufpassen sollte, sondern auch bei welchen Arten. Da sich hier ein ständiger Wandel vollzieht, lohnt es sich, auf dem neuesten Stand zu bleiben. Wissen von vor 20 Jahren kann hier veraltet und nicht mehr richtig sein.

Auf die Menge an Wildpilzen achten, die man pro Woche zu sich nimmt! Maximal 200 bis 250 g frische Wildpilze pro Person pro Woche werden empfohlen.

Außerdem kann man darauf achtgeben, nicht mehr als eine bestimmte Menge Wildpilze pro Woche zu sich zu nehmen. Gängige Empfehlungen von Einrichtungen wie dem Bundesamt für Strahlenschutz oder der Deutschen Gesellschaft für Ernährung liegen bei etwa 200 bis 250 g frische Wildpilze pro Person pro Woche.

Pilze sammeln, Natur schützen

Pilze sammeln macht Spaß und süchtig. Doch wenn wir unsere Suche immer mehr professionalisieren und immer mehr Pilze finden, müssen wir uns auch die Frage stellen: Wie nachhaltig ist das Ganze eigentlich?

Der Einstieg in die Welt der Pilze geht für die Allermeisten mit dem Sammeln los. Das ist das Fundament der Faszination. Je weiter man dann in diese verrückte Welt eintaucht, desto begeisterter wird man sich auch mit allem Pilzigen jenseits des Porzellantellers befassen. Wenn man auf dieser Reise nicht von selbsttitulierten Pilzprofis mit einem arroganten „Fresspilzsammler" abgestempelt wird, ist der Weg ins Reich der Mykologie umso schöner. Also, immer schön lieb zueinander sein. Spätestens, wenn das Interesse für die Pilze, die nicht Steinpilz und Pfifferling heißen, geweckt ist, kann man sich mal mit Pilzen und Nachhaltigkeit beschäftigen. Klar, dabei wird man früher oder später mit langweiligen Regeln, traurigen Neuigkeiten über das Artensterben usw. konfrontiert. Trotzdem, der Prozess ist zwar steinig, aber dennoch lohnenswert! Denn spätestens durch diesen Lernprozess entdeckt man die Liebe zum Nicht-Sammeln. Wir können auf jeden Fall aus eigener Erfahrung sagen, dass wir uns schon des Öfteren mehr über einen besonders seltenen Fund gefreut haben (der dann im Wald bleiben durfte) als über einen prall gefüllten Korb.

Sammelverbote

Ein wichtiger Aspekt beim Pilzesammeln sind natürlich Gesetze. Je nach Land (oder auch mal Kanton) unterscheiden diese sich sehr stark. In Deutschland gibt es beispielsweise eine ganze Reihe an Pilzen, die man unter keinen Umständen sammeln darf. Außerdem gibt es Bestimmungen, wie viele Pilze man überhaupt sammeln darf. Die Bundesartenschutzverordnung regelt diese Fragen in Deutschland. Ob derartige Sammelverbote bei allen aufgeführten Arten wirklich immer sinnvoll sind, darüber lässt sich sicherlich streiten. Denn ein Sammelverbot in der Bundesartenschutzverordnung sagt nichts darüber aus, ob ein Pilz wirklich selten ist. Der streng geschützte Kaiserling ist beispielsweise tatsächlich extrem selten.

Die streng geschützten Sommer-Trüffeln hingegen sind in manchen Regionen sehr häufig. Nichtsdestotrotz: Was streng geschützt ist, darf nicht gesammelt werden.

Was streng geschützt ist, darf nicht gesammelt werden.

BEISPIELE für in Deutschland streng geschützte Pilzarten

1. Kaiserling
2. Schaf-Porling
3. Semmel-Porling
4. Bronze-Röhrling
5. Königs-Röhrling
6. März-Schneckling

Rote Liste

Noch viel relevanter für den Pilzschutz ist eigentlich die Rote Liste. Hier wird dokumentiert, ob eine Pilzart gefährdet ist oder eben nicht. Absurderweise sagt ein Eintrag in der Roten Liste nichts darüber aus, ob man eine Pilzart sammeln darf oder nicht. Der Lilastielrötelritterling dürfte beispielsweise gesammelt werden, obwohl er eine Rote-Liste-Art ist. Darum hier der große Apell: Wer eine neue Pilzart sammeln möchte, sollte sich vorher informieren (Seite 153), ob diese Pilzart nicht vielleicht zu selten ist, um sie zu verspeisen. Auch wenn es bei vielen-Rote-Liste-Arten vielleicht erlaubt wäre, sie zu sammeln, ist es hier besonders im Interesse der Pilze, dies nicht zu tun.

Pilze sammeln schadet Pilzen nicht. Oder doch?

„Pilzen ist es egal, ob sie gesammelt werden.“, mag jetzt in so manchem Kopf ertönen. Und ja, ein Stück weit stimmt das auch. Der eigentliche Pilz ist ja das Myzel, das im Substrat lebt. Die Fruchtkörper, die gesammelt werden, sind lediglich die Fortpflanzungsorgane. Oder um es mit einer Metapher zu sagen: Das Myzel in der Erde ist der Apfelbaum, der Fruchtkörper lediglich ein Apfel. Genauso wenig wie der Apfelbaum stirbt, wenn man einen Apfel erntet, stirbt das Pilzmyzel, wenn man einen Pilz erntet. Unabhängig davon, ob man den Pilz abschneidet, herausdreht oder, im Falle eines Wildtiers, einfach reinbeißt. Und trotzdem ist es vielleicht dennoch nicht egal. Denn wenn man einen Pilz sammelt, entnimmt man ihn aus dem Habitat, das ihm gefällt. Klar, im Idealfall trägt man den Pilz noch in einem luftigen Behälter etwas spazieren und hilft ihm dabei, seine Sporen zu verteilen. Aber irgendwann geht's dann nach Hause und der Pilz kommt mit. Netto sorgt man mit dem Sammeln dafür, dass weniger Sporen einer Pilzart im Habitat bleiben, als wenn man den Fruchtkörper stehen lässt. Bei häufigen Arten mag das angesichts der Abermillionen an Sporen in der Luft irrelevant sein, aber bei seltenen Arten macht es vielleicht einen Unterschied. Und gerade bei seltenen Arten wollen wir ja, dass sie sich möglichst vermehren, damit sie nicht noch seltener, sondern wieder häufiger werden.

Auch wenn man dem Pilz mit dem Sammeln selbst nicht schadet, schränkt man möglicherweise seine Vermehrungschancen ein.

In Naturschutzgebieten ist das Sammeln von Pilzen im Normalfall nicht erlaubt.

Schutzgebiete

In Naturschutzgebieten ist das Sammeln von Pilzen im Normalfall nicht erlaubt. Tatsächlich gibt es aber auch Ausnahmen, in denen das Sammeln explizit gestattet ist. Das steht dann in der jeweiligen Verordnung des Schutzgebietes. So weit, so gut. Wenn man die Schutzgebiete bereits kennt, ist man gut vorbereitet. Wenn man sie hingegen nicht kennt, kann es insbesondere bei der Pilzsuche schnell mal passieren, dass man versehentlich in einem sammelt. Wenn man nämlich die Wege verlässt und querfeldein durchs Unterholz unterwegs ist, kann es schon mal passieren, dass man mitten in ein Schutzgebiet latscht, ohne es mitzubekommen. Denn Warnschilder gibt es im Unterholz ja (zum Glück) keine. Darum kann ein bisschen Vorabrecherche nicht schaden. Wenn man sich einen bestimmten Wald vornimmt, kann man schnell mal schauen, ob dieser auch Schutzgebiete beinhaltet oder an welche angrenzt, um auf Nummer sicher zu gehen. Im Internet findet man dazu ausführliches Kartenmaterial, für Deutschland zum Beispiel die Karte für „Schutzgebiete in Deutschland" auf bfn.de.

GUTE GRÜNDE sich mit Naturschutz auseinanderzusetzen

1. Es ist verboten, manche Pilzarten zu sammeln. Es drohen mitunter empfindliche Strafen!
2. Viele Pilzarten stehen auf der Roten Liste und sind daher schonenswert.
3. In Schutzgebieten darf man meistens nicht sammeln.
4. Pilze suchen kann auch ohne Sammeln Spaß machen.

Jedes Jahr freuen wir uns aufs Neue auf frische, knackige Steinpilze. Das war bereits beim ersten Mal Pilzesuchen so, und das wird vermutlich auch immer so bleiben. Die Leidenschaft für die ganzen anderen Pilze hingegen ist erst über die Jahre eskaliert. Nach den ersten Steinpilzen lag unser Fokus zunächst auf der Frage „Welche Pilze kann man denn noch so sammeln?". Wenn man sich dann mit der Zeit gut auskennt, wird man immer unabhängiger von den Klassikern. Sonntagabends in einem vermeintlich leer gesammelten Wald doch noch eine Pilzmahlzeit sammeln? Kein Problem, wenn man auch die Arten kennt, die nicht Mainstream sind.

Irgendwann kannten wir dann also auch viele verschiedene Speisepilzarten und wir begannen, uns mehr und mehr für die Pilze zu interessieren, die keinen Speisewert haben oder sogar giftig sind. Es ist noch gar nicht so lange her, da ging ein jahrelanger Traum in Erfüllung. Völlig zufällig fanden wir Blaue Klumpfüße. Diese sind recht selten und wir hätten fast nicht damit gerechnet, sie jemals zu finden. Als wir sie dann doch fanden, führten wir (vorsichtige) Freudentänze auf. Sie waren so wunderschön! Allein sie anzuschauen, machte uns überglücklich. An dem Tag fanden wir dann auch nicht mehr allzu viele Speisepilze, aber das war uns egal. Denn vor unseren inneren Augen blitzte immer noch dieser blaue Prachtpilz auf.

So sieht ein Pilz-Hotspot aus

Wie erkennt man eigentlich einen guten PilzHotspot in seiner Gesamtheit? Große zusammenhängende Waldgebiete sind schon immer ein guter Startpunkt. Ob die Schorfheide, der Schwarzwald, der Bayerische Wald oder die Alpen – wo viel Wald ist, ist auch viel Pilz! Allein in dieser Aufzählung großer Waldgebiete waren drei von vier auch (Mittel)Gebirge. Das ist kein Zufall. In bergigen Regionen hat man oft besonders viele Bodentypen sowie sehr unterschiedliche Mikroklimate – von feucht bis trocken, von warm bis kalt, in den Bergen zeigt sich die Natur in besonders vielen Facetten. Natürlich sind die Wälder am besten, die nur wenig bis gar nicht bewirtschaftet werden. Eine intensive Forstwirtschaft mit Holzvollerntern, Kahlschlägen und gebietsfremden Baumarten tut den Pilzen meist nicht gut. Manchmal hilft es bei der HotspotSuche, auch auf Entfernungen zu den nächsten Ballungsgebieten zu achten. Je mehr Menschen in der Nähe eines Waldes wohnen, desto mehr gehen dort auch sammeln.

Wie könnte die Suche nach solchen Hotspots ablaufen? Der erste Schritt im Alltag: Immer die Augen offen halten nach gesunden Waldökosystemen, auch wenn man gerade keine Pilze sucht oder die falsche Jahreszeit ist. Diese Orte merkt man sich am besten und kehrt zum richtigen Zeitpunkt zurück. Einige unserer besten Pilzwälder sind das Ergebnis von ganz gewöhnlichen Wanderungen, bei denen wir uns dachten: „Das sieht hier aber interessant aus!“

Ansonsten empfiehlt sich immer die Kombination aus viel Wald und wenig Bevölkerung. Der Grunewald am Rande Berlins ist zwar groß, aber zeitweise auch sehr überlaufen. In der Magdeburger Börde gibt es zwar relativ wenig Bevölkerung, aber auch so gut wie keinen Wald. Das Ziel sollte sein, das Beste aus beiden Welten zu vereinen. Dazu kann man beispielsweise Karten zur Bevölkerungsdichte zurate ziehen oder Satellitenfotos zur Identifizierung von Ballungsräumen.

Außerdem sollte man bei der Planung der Tour darauf achten, nicht an großen bekannten Wanderparkplätzen zu starten. Dort ist im näheren und weiteren Umkreis oft schon alles abgesucht. Gleiches gilt für bekannte und beliebte Wanderrouten. Diese sind zwar toll ausgeschildert, aber auch entsprechend viel besucht. Dort, wo sich Fuchs und Hase gute Nacht sagen und man stundenlang niemanden trifft, das sind die besten Wälder.

Digital den perfekten Moment finden

Lieber heute, morgen, in drei Tagen?

Gutes Timing ist alles bei der Pilzsuche. Zeit, sich mit dem Gefühlsleben und den innersten Bedürfnissen der Pilze zu befassen: Wie ticken Pilze und wann bilden sie ihre Fruchtkörper?

Heute ist Pilzwetter! – Aber was heißt das?

„Heute gibt es wieder voll das schöne Wetter, strahlender Sonnenschein und 30 °C. Was für ein traumhafter Sommer!" Wann immer wir so was im Hitradio hören, sterben wir innerlich ein kleines bisschen. Denn das kann nur eines bedeuten: Die Natur leidet Dürrequalen und an Pilze ist nicht zu denken. Wer Pilze liebt, liebt auch Regen! Und weil Regen so absolut wichtig für Pilze ist, um Fruchtkörper zu produzieren, macht es durchaus Sinn, sich auch intensiv mit Regen zu beschäftigen. Und genau das werden wir jetzt tun.

Temperaturen

Eine alte Pilzsammelweisheit sagt: Warmes Wetter nach feuchtem Wetter ist optimal für ein gutes Pilzwachstum. Doch in diesem Kapitel werden wir feststellen, dass Überlieferungen nicht unbedingt richtig sein müssen, nur weil sie alt sind und schon oft wiederholt wurden.

Eines steht außer Frage: Pilze brauchen ausreichend Regen, um zu wachsen. Doch zu warmes Wetter kann mitunter sogar schaden. Denn wenn das Thermometer jenseits der 25 °C klettert, stellen viele Pilze ihr Wachstum ein. Die Pilze, die zu diesem Zeitpunkt schon da sind, verabschieden sich recht schnell: Manche platzen durch die Hitze auf, andere vertrocknen, wieder andere werden von Insekten befallen und wieder andere verschimmeln. Optimale Pilztemperaturen hingegen sind mild oder sogar kalt.

Pilze mögen keine Sauna

Wir können Pilze grob in drei verschiedene Kategorien einordnen:

1. ***wärmeliebende Pilzarten***

Zu den wärmeliebenden Arten zählen klassische Sommerpilze wie zum Beispiel Sommer-Steinpilz, Bronze-Röhrling oder Brätling. Diese Pilze wachsen am liebsten, wenn die Tagestemperaturen 20–25 °C betragen und die Nächte ebenfalls nicht zu kalt sind.

2. *„mildliebende" Pilzarten*

Die allermeisten Pilze sind eher „mildliebend", das heißt, Tagestemperaturen von 15–20 °C und Nachttemperaturen von 5–15 °C sind für sie optimal. Hierzu zählen viele Klassiker wie Fichten-Steinpilz, Herbsttrompete oder Trompeten-Pfifferling.

3. *kälteliebende Pilzarten*

Kälteliebende Pilzarten gibt es recht wenige. Wenn die Temperaturen knapp über dem Gefrierpunkt liegen, gibt es drei essbare Arten, die dann richtig loslegen: Austernseitling, Samtfußrübling und Judasohr. Ansonsten gibt es auch noch ungenießbare Arten wie Winter-Helmling oder Winter-Porling, die durch die kalten Temperaturen bedingt sprießen. Auffallenderweise sind das alles Pilzarten, die auf lebendem und totem Holz wachsen. Vermutlich ist der Boden im Winter einfach zu kalt, das Holz hingegen hat ein akzeptableres Mikroklima. Neben diesen klassischen Winterpilzen findet man bei kalten Temperaturen auch noch typische Ganzjahrespilze wie Rotrandiger Baumschwamm, Zunderschwamm oder Schmetterlings-Tramete. Diese Pilze wachsen dermaßen langsam und sind so was von robust und zäh, dass ihnen ein bisschen Kälte nichts ausmacht. Essbar sind diese drei Arten übrigens nicht, jedoch als Vitalpilze verwendbar.

Egal, ob warm oder kalt, Pilze findet man zu jeder Jahreszeit! Der Schwerpunkt liegt zwar in kühlen und feuchten Sommern sowie feuchten Herbsten, aber auch im Frühling oder Winter gibt es viel zu entdecken.

***Vitalpilze** sind Pilze, denen eine gesundheitsfördernde Wirkung zugeschrieben wird. Sie enthalten bioaktive Substanzen wie Beta-Glucane, Triterpene oder Sterole, die das Immunsystem unterstützen, Entzündungen hemmen oder den Stoffwechsel regulieren können. In der traditionellen chinesischen und japanischen Medizin werden sie seit Jahrhunderten eingesetzt. Ihre Anwendung erfolgt meist als Tee, Tinktur oder Extraktpulver – zur Vorbeugung oder begleitenden Unterstützung bei verschiedenen Beschwerden.*

Väterchen Frost und die Lebensmittelvergiftung

Ein besonders kritischer Zeitpunkt, ab dem Temperaturkarten besonders wichtig werden, sind die ersten Fröste des Jahres. Denn abgesehen von den klassischen Winterpilzen (wie gesagt Austernseitling, Samtfußrübling, Judasohr) vertragen alle anderen Speisepilze keinen Frost. Sind sie einmal eingefroren und tauen danach wieder auf, sind sie „tot". Die Fruchtkörper sehen dann bisweilen noch ganz normal aus, aber im mikroskopischen Bereich sind sie alles andere als normal. Durch den Frostschaden sind Schimmelpilzen und Bakterien Tür und Tor geöffnet, denn der Fruchtkörper ist nun nicht mehr in der Lage, sich gegen diese Pathogene zu verteidigen. Sammelt man derart befallene Pilze, kann es sein, dass man sich eine Lebensmittelvergiftung zuzieht.

Ab einem gewissen Punkt wird der Verwesungsprozess dann auch sichtbar. Steinpilze mit Frostschäden werden beispielsweise an manchen Stellen etwas rosa. Aber wie gesagt, die Verwesung findet bereits dann statt, wenn man es noch nicht sehen kann. Darum sollte man nach den ersten Frösten nur noch Winterpilze sammeln.

Darum heißt es gerade dann, wenn es kalt wird: Temperaturkarten im Auge behalten. Geeignet sind dazu Karten mit Messungen der Temperaturen in 2 m Höhe oder auch 5 cm Höhe. Wir verwenden dazu, wie auch bei den Niederschlagskarten (Seite 52), am liebsten die Karten von kachelmannwetter.com. Besonders achtgeben sollte man auf Messungen in der Nacht und den frühen Morgenstunden.

GUTE GRÜNDE **sich mit Temperaturmessungen auseinanderzusetzen**

1. Viele Pilze wachsen nur, wenn es ihnen nicht zu warm ist.
2. Nach den ersten Frösten besteht bei den meisten Pilzen die Gefahr einer Lebensmittelvergiftung.

Vor ein paar Jahren gab es einen Sommerabschnitt, wie wir ihn lieben. Es war gerade Mitte Juli und regnete fast jeden Tag. Die Temperaturen waren furchtbar (für alle anderen), aber für uns: fruchtbar! Die Höchsttemperaturen betrugen dieser Tage oft kaum mehr als 15–16 °C und nachts kratzte das Thermometer an der Einstelligkeit. An Hochsommer war absolut nicht zu denken. Doch die Pilze liebten es und spielten Herbst. Steinpilze, Pfifferlinge, Herbsttrompeten, Hexenröhrlinge und viele mehr sprießten wie verrückt. Die Wälder standen randvoll mit Pilzen. Doch ganz wichtig: Das taten sie nur, als es noch so kalt und verregnet war. In der zweiten Julihälfte wurde es dann sehr warm und trocken. Vorbei war es mit der Komfortzone der Pilze und sie stellten ihr Wachstum unverzüglich wieder ein. Doch so lange es noch Pilze gab, sammelten und trockneten wir, was das Zeug hält. Wälder voller Pilze, aber ohne andere Menschen, das war ein wahrgewordener Traum. Als dann später im Jahr der „echte Pilzherbst“ kam, hatten wir unsere Jahresvorräte an getrockneten Pilzen schon lange vorbereitet und waren tiefenentspannt.

Die Grundlage aller Pilze: Niederschläge

Wenn wir wissen möchten, wo wir gerade die besten Chancen auf Pilzfunde haben, ist ein Blick auf die vergangenen Niederschläge einer der wichtigsten Schritte. Klar, wenn es seit Wochen flächendeckend geregnet hat und mit Sicherheit alles feucht genug ist, kann man sich diesen Schritt durchaus sparen. Doch flächendeckender Regen ist kein Dauerzustand und oft fällt Regen regional in sehr unterschiedlichen Mengen.

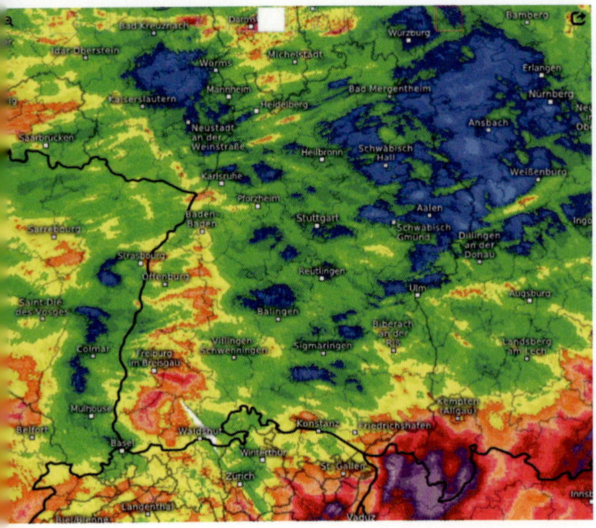

Insbesondere im Sommer finden Niederschläge häufig in Form von Gewittern statt. Hitzegewitter bestehen nur aus Einzelzellen. Das sorgt dann dafür, dass es nur dort regnet, wo diese Einzelzelle entlangzieht – der Niederschlag fällt dann regional sehr begrenzt aus. Es kann also sein, dass es in Wald A massive Niederschlagsmengen gibt, weil dort eine Einzelzelle darübergezogen ist, während es im benachbarten Wald B keinen Tropfen regnet, schlichtweg weil die Gewitterzelle dort nicht langgezogen ist. Außerdem haben Hitzegewitter oft nur eine relativ kurze Dauer. Manchmal zieht so eine Gewitterzelle nur wenige Kilometer weit, ehe sie sich auch schon wieder auflöst.

Hitzegewitter sorgen, wie hier zu sehen, für regional sehr begrenzte Niederschläge. Schon wenige Kilometer Entfernung können einen großen Unterschied ausmachen.

BEISPIELSZENARIO Kürzlich hat es in der Nähe gewittert. Optimistisch geht man in den Wald und findet: Nichts. Kaum daheim, sieht man die Nachbarin mit einem prall gefüllten Pilzkorb in ihr Haus gehen. Der Grund dafür könnte sein, dass die Nachbarin auf der ehemaligen Zugbahn des Gewitters Pilze gesucht hat, man selber aber nur grob geschätzt hat, wo das Gewitter gewesen sein könnte.

Wenn mehrere Gewitterzellen sich zusammenschließen, entstehen sogenannte „konvektive mesoskalige Systeme“ (Mesoscale Convective Systems), in der Fachsprache werden sie auch mit MCS abgekürzt. So ein MCS ist ein Anlass für Unwetterwarnungen, denn es hat zumeist eine längere Lebensdauer als irgendein popeliges Hitzegewitter und bringt bisweilen extreme Regenmengen. Doch auch wenn ein MCS größer, stärker und langlebiger als eine Einzelzelle ist, hat auch dieses seine

Zugbahn. Und wenn ein Wald nicht auf dieser Zugbahn liegt, hat er eben Pech gehabt und bekommt wesentlich weniger Regen ab, als die Wälder, die Bekanntschaft mit dem MCS machen durften. Im Nachhinein ist es für uns Pilzsuchende von großem Interesse, die Zugbahnen der vergangenen Gewitter zu kennen. Denn dort wird es pilztechnisch vermutlich interessanter aussehen, als anderswo.

Im Nachhinein ist es für uns Pilzsuchende von großem Interesse, die Zugbahnen der vergangenen Gewitter zu kennen – dort wird es pilztechnisch vermutlich interessant.

Um Aussagen darüber treffen zu können, wo in letzter Zeit wie viel Regen gefallen ist, kann man auf Regensummen-Karten im Internet zurückgreifen. Unser Favorit hierfür ist kachelmannwetter.com. Dort lassen sich nämlich die kalibrierten Regensummen der jeweils letzten sieben und 30 Tage anzeigen. Diese Karten und Zeiträume sind für die Pilzsuche am relevantesten.

Dort, wo es in den letzten 30 Tagen ausreichend geregnet hat, besteht eine höhere Chance, dass die Myzelien bereit sind, Fruchtkörper auszubilden. Dort, wo es in den letzten sieben Tagen ausreichend geregnet hat, besteht eine besonders hohe Chance, Pilze zu finden. Voraussetzung ist allerdings, dass der Regen nicht der erste nach einer langen Dürreperiode war. In dem Fall kann es durchaus länger dauern, bis wieder Pilze zum Vorschein kommen.

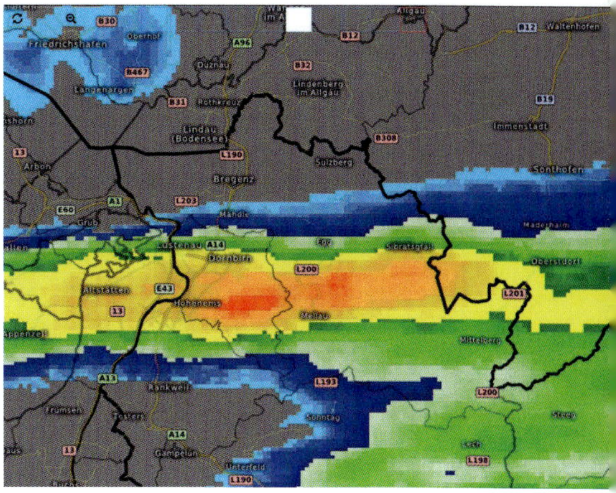

Wie viele Tage nach dem Regen wachsen Pilze?

Dies ist eine vielgestellte Frage, die sich leider nicht pauschal beantworten lässt.

1. Es gibt massive Unterschiede zwischen verschiedenen Pilzarten, was ihre Wachstumsgeschwindigkeit angeht. Ein Schopf-Tintling hat eine Lebenserwartung – vom Erscheinen bis zur Verwesung – von nur ein bis drei Tagen. Ein Pfifferling hingegen braucht durchaus mal zwei bis vier Wochen, ehe er von Stecknadelkopfgröße auf eine erntbare Größe herangewachsen ist.

Niederschlagssummen können regional sehr unterschiedlich ausfallen. In den roten Regionen dieses Beispielbilds bestehen wesentlich höhere Chancen für Pilze als in den blauen.

2. Wenn der Boden bereits feucht ist und es nun erneut regnet, kann es sein, dass schon nach drei Tagen Pilze erscheinen. Ist der Boden jedoch knochentrocken und es regnet seit langer Zeit zum ersten Mal, kann es auch mal ein bis zwei Wochen dauern, bis Pilze in Erscheinung treten, da die Myzelien zunächst einmal wieder aktiv werden müssen.

Wie viel muss es regnen, damit Pilze wachsen?

Auch diese Frage lässt sich nicht allgemein beantworten, bisher fehlen hierzu auch wissenschaftliche Untersuchungen. Allgemein lässt sich nur sagen:

1. Regelmäßiger Regen ist besser als einmaliger. Wenn der Regen über mehrere Tage verteilt immer mal wieder fällt, kann die Feuchtigkeit viel besser in alle Bodenschichten eindringen, als wenn der Regen binnen kürzester Zeit fällt.

2. Wenn der Boden bereits etwas feucht ist, reichen auch mal 10 Liter pro Quadratmeter in den letzten sieben Tagen, um das Pilzwachstum anzuregen. Regnet es diese Menge jedoch nach einer langanhaltenden Dürreperiode, bleiben die Pilze vermutlich unbeeindruckt.

3. Wie gut sich die Feuchtigkeit durch Regen von der Natur verwerten lässt, hängt von vielen weiteren Wetterfaktoren ab, zum Beispiel Wind, Temperatur und Sonneneinstrahlung. Hinzu kommen noch geologische Faktoren wie die Wasserspeicherfähigkeit des jeweiligen Bodens (Seite 16).

Es war einmal im Jahr 2021 in Brandenburg. Nachdem es im August noch reichlich regnete, war der September in Sachen Feuchtigkeit zunächst eine Katastrophe. Der einzige Strohhalm, an den wir uns noch festklammern konnten, waren ein paar wenige Hitzegewitter im Osten Brandenburgs. Mit einer geballten Ladung Pessimismus machten wir uns also auf den Weg nach Ostbrandenburg, in einen Wald, der vor etwa einer Woche von einem Hitzegewitter heimgesucht worden war. Fast überall hätte man uns mit unserem Pilzkorb angesichts der Hitze und Trockenheit vermutlich mit „Ihr habt wohl nicht mehr alle Latten am Zaun!“ begrüßt. Doch es kam ganz anders. Bereits nach wenigen Schritten in den Wald sahen wir auch schon die ersten Hexenröhrlinge. „Und da hinten, da stehen ja sogar Steinpilze!“ Lange Rede, kurzer Sinn: Der Wald war voller Pilze. Es war spektakulär. Niemand anders sammelte Pilze, denn die allgemeine Stimmung war ja „Viel zu trocken für Pilze“. Aber eben nicht in diesem einen Wald.

Schlechte Nachrichten für Pilze: Dürre

Das Klima ändert sich rapide und mit diesen Veränderungen zeigen sich immer öfter verschiedene Wetterextreme. Das Wetterextrem, das Pilzfunde am meisten schmälert, ist die Dürre. Hier die schlechten Nachrichten: In den letzten Jahren haben sich Dürren sehr gehäuft.

In den letzten Jahren haben sich Dürren gehäuft.

Von einer Dürre spricht man, wenn die Trockenheit über einen längeren Zeitraum anhält und deutlich negative Auswirkungen auf Umwelt, Landwirtschaft oder Wasserhaushalt hat. Trockenheit bezeichnet dagegen zunächst nur einen zeitlich begrenzten Niederschlagsmangel ohne zwingende Folgen.

Insbesondere, wenn in der Wettervorhersage von einer „Omegalage" die Rede ist, kann man schon mal anfangen, ein kleines Grab für die Hoffnung zu schippen. Bei einer Omegalage etabliert sich ein großes Hochdruckgebiet mit Hitze und Trockenheit. Das Hoch dreht sich im Uhrzeigersinn. Unten links und unten rechts vom Hoch befinden sich zwei kleine Tiefs, die sich entgegen des Uhrzeigersinns drehen. Das sorgt oft für eine langfristige Blockade – im Extremfall ändert sich das Wetter über mehrere Wochen nicht und es bleibt durchgehend heiß und trocken.

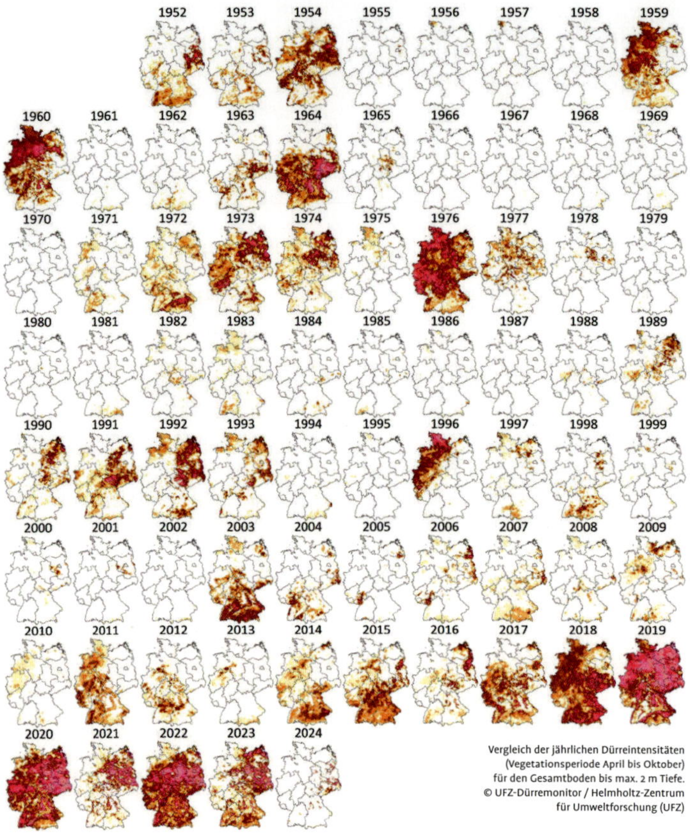

Vergleich der jährlichen Dürreintensitäten (Vegetationsperiode April bis Oktober) für den Gesamtboden bis max. 2 m Tiefe. © UFZ-Dürremonitor / Helmholtz-Zentrum für Umweltforschung (UFZ)

Die Folge? Während der Omegalage wachsen so gut wie keine Pilzfruchtkörper mehr. Aber auch langfristig kann das Ganze fatale Folgen für die Pilzwelt haben. Durch die Dürre werden auch die Baumpartner der Pilze geschwächt und sterben schlimmstenfalls sogar. Und was machen wir Menschen, wenn irgendwo schwache oder tote Bäume rumstehen? Genau, leider fällt uns dann oft nichts Besseres ein, als mit Vollerntern in die Wälder zu brettern. Intensive Eingriffe ins Ökosystem mit tonnenschweren Maschinen und Kahlschläge geben den ohnehin schon geschwächten Wäldern den Rest. Was danach übrig bleibt, ist auch für Pilze kein Wohlfühlhabitat mehr.

Dürren werden immer häufiger. Schlechte Nachrichten die Pilze.

Dürren können den Boden langfristig austrocknen. Ist der Boden erstmal richtig trocken, reicht nicht einfach nur ein bisschen Regen, damit wieder Pilze zum Vorschein kommen. Nach einer Dürre braucht es oft große Mengen Niederschläge über einen längeren Zeitraum, damit pilztechnisch wieder was geht. Darum macht es Sinn, in trockenen Zeiten hin und wieder mal auf den Dürremonitor vom Helmholtz Zentrum für

Umweltforschung zu schauen. Hier kann man sehen, wie es um die verschiedenen Bodenschichten in Sachen Feuchtigkeit bestellt ist. Für Pilze besonders relevant ist die Karte „Pflanzenverfügbares Wasser bis 25 cm, tagesaktuell".

Von der Wetter-Vorhersage zur Pilz-Vorhersage

„For tomorrow may sun, so I'll follow the rain" ist keine korrekte Wiedergabe eines Beatles-Lieds, aber die richtige Einstellung beim Pilzesuchen. Damit das Pilzefinden erfolgreich wird, lohnt sich nicht nur ein Blick auf die Wetterverhältnisse der vergangenen Tage und Wochen, sondern durchaus auch mal ein Blick in die Zukunft. Wenn man schon mal ungefähr weiß, wo es in nächster Zeit wie viel regnen wird, lassen sich die Pilzwanderungen besser planen. Besonders gut ist es, wenn man Messungen aus der Vergangenheit mit Prognosen für die Zukunft kombiniert.

BEISPIELSZENARIO Angenommen in Wald A und Wald B hat es vor Kurzem geregnet. Nun soll es demnächst wieder regnen – allerdings nur in Wald A. Dann kann man sich schon mal darauf vorbereiten, demnächst am besten in Wald A zu schauen, vorausgesetzt, die Prognosen haben sich bewahrheitet.

Um einen Eindruck davon zu bekommen, wo es in nächster Zeit wie viel regnen könnte, verwenden wir am liebsten die Karte „Akkumulierte Niederschlagsmenge" von kachelmannwetter.com. Hier bekommt man eine gute visuelle Vorstellung davon, wie die nächsten Niederschläge fallen könnten.

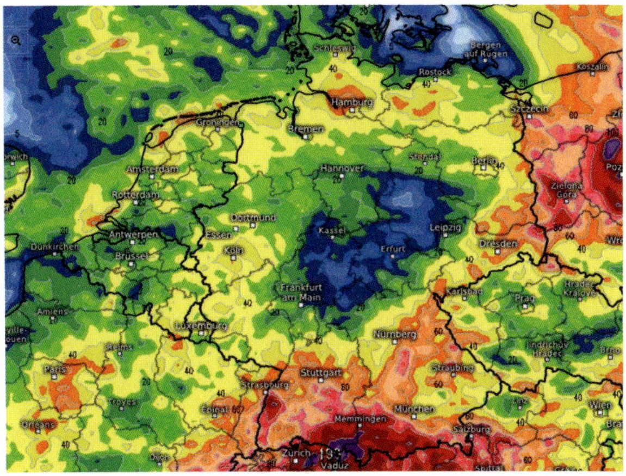

Akkumulierte Niederschlagsmenge: Ein praktisches Tool, um zukünftige Pilzwanderungen zu planen.

Haben Pilze einen Zeitplan?

Einfach ausschlafen und aufstehen können, wann man will, ist einer der luxuriösesten Lebensstile, die es gibt. Ob die Pilze das auch so sehen? Dieses Geheimnis werden wir wohl nie lüften, aber unsere Beobachtungen geben uns dann doch Anhaltspunkte. Es scheint so, als gäbe es Pilze, die so pünktlich in Erscheinung treten, als hätten sie einen Wecker, und wiederum andere Pilze, die einfach machen, was sie wollen. Versuchen wir mal, etwas Licht ins Dunkel zu bringen, und schauen uns an, warum es solche Unterschiede gibt.

Die innere Uhr der Pilze im Laufe der Jahreszeiten

Natürlich kann man das Pilzwachstum nicht ausschließlich an den Temperaturen und den Niederschlägen festmachen. Ihre innere Uhr spielt ebenfalls eine entscheidende Rolle. In einem grauen, verregneten Frühling mit kühlen Temperaturen hätten wir eigentlich perfekte Bedingungen für Steinpilze, werden diese aber dennoch vergeblich suchen. In den zwei „Hauptpilzjahreszeiten" Sommer und Herbst kann man sich allerdings mit Daten über Temperaturmessungen einen ungefähren Überblick verschaffen, mit welchen Pilzarten man jetzt rechnen kann. Denn zu diesen beiden Jahreszeiten hat die Temperatur einen großen Einfluss auf die Pilzwelt. In besonders kühlen Sommern kommt es vor, dass plötzlich klassische Herbstpilze sprießen. Genauso kann es aber auch mal einen außergewöhnlich warmen Oktober voller Sommerpilze geben.

Wenn der Sommer den Temperaturregler mal so richtig aufdreht, wird man in tiefen Lagen kaum bis keine Pilze finden. Fündig wird man jetzt vor allem in den höheren Lagen der Mittel- und Hochgebirge, wo die Temperaturen kühler sind.

BEISPIELSZENARIO Dieses Phänomen kann man sich auch gezielt zunutze machen, mit „Pilzreisen". Wenn die Sommer in Mitteleuropa besonders heiß und trocken sind, gibt es in Skandinavien manchmal Pilz-Eskalationen vom Feinsten. Ähnlich sieht es mit dem Wintereinbruch aus. Wenn in Mitteleuropa die ersten Nachtfröste kommen, gibt es in Südeuropa immer noch herbstliche Bedingungen und Pilze. Schon seit vielen Jahren fahren wir darum Ende Oktober/Anfang November nach Italien, um die Saison zu verlängern.

Frühling

Beginnen wir im Frühling. Es ist Morchel-, Verpel- und Maipilzzeit. Hier haben wir es mit Pilzen zu tun, die relativ „pünktlich“ sind. Spitz-Morcheln Mitte März, Speise-Morcheln Anfang April. Vermutlich hat dieses Auftreten etwas mit dem Zeitpunkt in der Vegetationsperiode zu tun. Denn zufälligerweise explodieren die Spitz-Morcheln in etwa immer dann, wenn die Grünlandsumme 200 °C beträgt.

Grünlandsumme: Dieser Wert stammt aus der Landwirtschaft und bezeichnet den Zeitpunkt, an dem die Feldarbeit nach dem Winter beginnt, weil nun der natürliche Vegetationsbeginn erreicht ist. Zu dieser Zeit steht auch die Kornelkirsche in voller Blüte. Die Speise-Morcheln erscheinen dann meistens etwa zwei Wochen später. Das ist in etwa auch dann, wenn der Löwenzahn und die Obstbäume blühen. Wie die Grünlandsumme zustande kommt, ist relativ kompliziert: Die Grünlandtemperatursumme von 200 wird erreicht, indem ab dem 1. Januar alle positiven Tagesmitteltemperaturen (also alle Tagesmittel über 0 °C) aufsummiert werden – allerdings mit diversen Anpassungen für die Wintermonate. Im Januar wird jede Tagesmitteltemperatur mit dem Faktor 0,5 multipliziert. Im Februar wird jede Tagesmitteltemperatur mit dem Faktor 0,75 multipliziert. Ab März wird jede positive Tagesmitteltemperatur voll angerechnet, also mit keinem Faktor mehr multipliziert. Die so korrigierten Tageswerte werden fortlaufend addiert. Sobald die Summe 200 erreicht oder überschritten wird, gilt dies als Beginn der Vegetationsperiode für das Grünland.

Ein Korb voller Spitz-Morcheln löst ekstatische Vorfrühlings-gefühle aus.

Ungefähr dann, wenn die Speise-Morcheln golden erstrahlen, machen sich auch so langsam die ersten Maipilze startklar, die dann wiederum ungefähr zwei Wochen später in prächtigen Hexenringen die Wiesen zieren. Morcheln, Maipilze und Verpeln haben eins gemeinsam: Alle wachsen sie gerne in Habitaten, in denen es eine ausgeprägte Krautschicht gibt, zum Beispiel in Auwäldern oder auf Wiesen. Wenn sie zu spät fruktifizieren würden, wäre die Krautschicht möglicherweise so hoch, dass sie ihre Sporen nicht mehr so gut verteilen könnten.

Fruktifizieren bei Pilzen bedeutet, dass sie Fruchtkörper (meist mit Stiel und Hut) bilden. Es erscheinen also sichtbare Strukturen wie zum Beispiel ein Champignon oder Fliegenpilz. Diese Fruchtkörper entstehen, wenn die Umweltbedingungen günstig sind, und dienen der Fortpflanzung, da sie die Sporen produzieren und freisetzen. Über diese Sporen können neue Pilze entstehen. Das eigentliche Pilzgeflecht (Myzel) bleibt dabei meist im Boden oder Substrat verborgen.

Sommer

Im Sommer starten dann so langsam die Mykorrhiza-Pilze durch. Nur warum eigentlich erst im Sommer? Mykorrhiza-Pilze passen ihren Reproduktionszyklus an die photosynthetische Aktivität ihrer Wirtspflanzen an. Im Sommer und frühen Herbst erreicht die Photosynthese-Rate der Bäume ihr Maximum, was zu einem Überschuss an Kohlenhydraten führt. Dieser Überschuss übersteigt die Speicherkapazität des Pilzmyzels und wird in die Bildung von Fruchtkörpern umgeleitet.

Ohne Pilz nichts los: Die meisten Pflanzen sind auf eine Symbiose mit Pilzen angewiesen.

Mykorrhiza-Pilze sind Pilze, die eine symbiotische Beziehung mit den Wurzeln von Pflanzen eingehen. Sie versorgen die Pflanze mit Nährstoffen und Wasser aus dem Boden und erhalten im Gegenzug Zucker aus der Photosynthese der Pflanze. (Die Photosynthese ist ein Prozess, bei dem Pflanzen mithilfe von Sonnenlicht aus Kohlenstoffdioxid und Wasser Zucker und Sauerstoff herstellen.) Diese Partnerschaft fördert das Wachstum und die Widerstandskraft beider Partner. *Mehr dazu auf Seite 61.* *Die meisten beliebten und bekannten Speisepilze sind Mykorrhiza-Pilze, zum Beispiel Steinpilz, Pfifferling und Flockenstieliger Hexenröhrling.*

Eine weitere Rolle spielen übrigens auch Niederschläge. Nicht nur direkt (es regnet und darum ist es feucht genug für Pilze), sondern auch indirekt. Wenn es nämlich zu wenig regnet, leiden die Bäume. Bei anhaltender Trockenheit und Dürre müssen sie ihre Photosynthese reduzieren. Das wirkt sich dann wiederum negativ auf die Menge an Kohlenhydraten aus, die sie für ihre Pilzpartner übrig haben.

Die meisten Mykorrhiza-Pilze, die im Sommer erscheinen, sind also vor allem davon abhängig, wann es genügend Kohlenhydrate gibt und wann es feucht genug ist. Darum sind sie insgesamt zeitlich etwas flexibler unterwegs. Mal gibt es einen Juni voller Pfifferlinge, ein anderes Mal ist es dann der Juli. Der Zeitpunkt spielt eine geringere Rolle, als die Umweltbedingungen.

Auch wenn die meisten Pilze im Sommer eher flexibel unterwegs sind, weil sie dann wachsen, wenn die Bedingungen für sie passen, gibt es unter ihnen einige, die zumindest irgendwann im Sommer ihren Schwerpunkt haben. Dazu gehören beispielsweise einige Röhrlinge, Täublinge oder auch Milchlinge. Der Sommer-Steinpilz wächst beispielsweise am liebsten in den Sommermonaten, vorausgesetzt, es hat genug geregnet. Dann kann es plötzlich eine richtige Schwemme geben und die Wälder stehen voll mit ihm. Im Herbst findet man ihn hingegen nur noch vereinzelt. Dafür gibt es dann andere Pilzarten, die ihren Schwerpunkt im Herbst haben.

Herbst

Für die meisten Mykorrhiza-Pilze herrschen in einem normalen Herbst optimale Bedingungen. Ausreichend Kohlenhydrate von den Bäumen, milde bis kühle Temperaturen und jede Menge Regen. Wenn auch nicht pünktlich zu einem festen Termin, so erscheinen im Herbst Arten, die sich im Sommer nicht so gerne blicken lassen. Dazu gehören zum Beispiel Hallimasche, aber auch die meisten Schleierlinge und Ritterlinge.

Winter

Kaum sind die ersten Fröste dagewesen, stellen die allermeisten Pilze sofort ihre Fruchtkörperbildung ein. Dafür werden jetzt die klassischen Winterpilze getriggert. Diese Pilze mögen kühle Temperaturen knapp über dem Gefrierpunkt am liebsten. Das berühmte Winter-Trio ist: Austern-seitling, Judasohr, Samtfußrübling.

Zeitlose Allrounder

Insbesondere Mykorrhiza-Pilze sind abhängig von den Zyklen ihrer Wirtspflanzen. Etwas anders sieht es bei den Folgezersetzern (Seite 66) und Parasiten aus. Manche von ihnen haben eine Vorliebe für bestimmte Zeiträume, in denen sie am liebsten wachsen. Zum Beispiel erscheinen die Hallimasche zumeist im späteren Herbst. Andere sind aber auch deutlich flexibler. Stockschwämmchen lassen sich beispielsweise fast das ganze Jahr über finden, außer im Winter. Am flexibelsten sind aber die Pilze, die einfach immer da sind: Einige hartgesottene Porlinge wie zum Beispiel der Zunderschwamm wachsen mehrere Jahre am Stück.

Klimawandel – Das Uhrwerk stockt

Nun haben wir versucht, das Ticken der Pilzuhren etwas zu verstehen, auch wenn klar sein sollte, dass man die Zyklen der Pilze wohl nie zu 100 Prozent begreifen wird. Vieles von dem, was wir bisher über die Zeitrechnung in der Pilzwelt wussten, steht mittlerweile auf wackeligen Beinen.

Pilze lieben heißt Klimawandel bekämpfen!

Der Klimawandel ist da und geht auch nicht mehr weg. Mit ihm verändert sich vieles. Manche Pilze werden möglicherweise immer früher im Jahr erscheinen, wie zum Beispiel die Morcheln. Durch später einsetzende Fröste kann es zusätzlich sein, dass die Herbstpilze viel länger wachsen als in den letzten Jahrhunderten. Das klingt jetzt fast schon positiv: Pilze über eine längere Zeit im Jahr. Darum muss jetzt leider auch die Kehrseite der Medaille beleuchtet werden: Durch immer häufigere Dürreperioden leiden die Bäume sehr. Und leidende Bäume bedeuten weniger Kohlenhydrate für Pilzpartner. Auch die Pilze selbst sind von andauernder Hitze und Dürre wenig begeistert. Doch das ist noch nicht alles, denn nun wird eine Kaskade in Gang gesetzt: Wo Bäume leiden, sind Holzvollernter und Kahlschläge nicht weit. Solche rabiaten Eingriffe verschlechtern die Lage in den ausgebeuteten Ökosystemen immens. Letzten Endes ist das Zeitfenster, in dem Pilze sprießen, zwar vielleicht etwas länger, aber zugleich sind die Ökosysteme durch das veränderte Klima so geschwächt, dass es in Summe viel weniger Pilze gibt. Und das sowohl was Artenvielfalt als auch Individuenzahl angeht.

Das Sammeln der winzigen Fichten-Zapfenrüblinge ab Ende des Winters ist eine äußerst meditative Angelegenheit.

Von Kurzbesuch bis Ewigkeit: Standorttreue bei Pilzen

Pilze reisen gerne! In 1 m³ Luft befinden sich 1 000 bis 10 000 Pilzsporen. Jeder Atemzug, den ein Mensch macht, beinhaltet ein bis zehn Pilzsporen. Wer jetzt vor Schreck kurz die Luft angehalten hat, bitte erstmal tief durchatmen! Die schiere Masse an Sporen kann sich sogar auf die Wolkenbildung auswirken. Und als wäre das noch nicht genug, weiß man mittlerweile, dass die Pilzsporen mancher Arten sogar über zwei Jahre im Weltraum überleben können. Wenn man bedenkt, dass ein einziger Riesen-Bovist alleine 7 Billionen (7 000 000 000 000) Sporen produziert, verwundert das alles nicht mehr. Doch was soll das Ganze?

In diesem Kapitel geht es nicht um die Fruchtkörper und wie alt sie werden, sondern um das Alter des Myzels, also den Pilz im eigentlichen Sinne.

Immer auf Reisen

Es gibt Pilze, die müssen sich schnell und im großen Maßstab vermehren, denn kaum sind sie auf der Welt, naht ihnen auch schon Gevatter Tod. Insbesondere unter den Folgezersetzern findet man viele dieser schnelllebigen Pilze. Denn wenn das Substrat, das sie zersetzen, nur wenig Nahrung für sie bereitstellt, ist ihre Lebenserwartung dementsprechend kurz. Ein Pilz, der einen Hasenköttel zersetzt, muss sich schnell fortpflanzen, um neue Hasenköttel zu erobern.

Manche Pilze haben kreative Wege gefunden, ihre Sporen zu verteilen.

Folgezersetzer (Saprobionten) sind Pilze, die organisches Material zersetzen. Das können kleine heruntergefallene Nadeln und Laubblätter sein, aber auch dicke Stämme von Jahrhunderte alten, toten Bäumen.

Das ist natürlich nur ein Beispiel. Es gibt auf jeden Fall einige solcher Pilze, auch unter den Speisepilzen. Wenn man beispielsweise eine tolle Stelle für Champignons oder Parasole gefunden hat, kann es sein, dass diese Pilze in den folgenden Jahren dort nie wieder wachsen, weil es für sie dann einfach nichts mehr zu futtern und zu zersetzen gibt.

Die Sesshaften

Haben Mykorrhiza-Pilze erstmal einen Symbiosepartner gefunden, können sie mehrere Jahrzehnte alt werden.

Anders sieht es bei Mykorrhiza-Pilzen aus. Haben sie erstmal einen Symbiosepartner gefunden, können sie locker mehrere Jahrzehnte alt werden. So mancher Baum tauscht seine Symbiosepartner im Laufe der Zeit vielleicht mal gegen andere aus, aber alles in allem haben diese Pilze eine recht lange Lebenserwartung und kommen, wenn die Bedingungen passen, jährlich am gleichen Ort wieder. Das Ende steht für viele dieser Symbionten erst dann an, wenn auch ihr Partner stirbt. Wenn zum Beispiel ein Baum gefällt wird, sterben auch die Pilze, die mit ihm in Symbiose leben. Viele beliebte Speisepilze sind sehr standorttreu, beispielsweise Steinpilze, Pfifferlinge oder auch Herbsttrompeten. Wer ergiebige Stellen dieser Arten findet, sollte sie sich gut merken und wiederkommen.

Folgezersetzer sind nicht zwangsläufig kurzlebig. Insbesondere Arten, die sich auf das Zersetzen von dicken alten Baumstämmen spezialisiert haben, können einige Jahre alt werden.

Aber nicht alle Folgezersetzer sind zwangsläufig kurzlebig. Insbesondere die Arten, die sich auf das Zersetzen von dicken alten Baumstämmen spezialisiert haben, können einige Jahre alt werden. Zu diesen Arten zählen beispielsweise Seitlinge oder auch Stachelbärte. Der größte Organismus der Welt, ein Hallimasch in Oregon (USA), ist etwa 9 km² groß. Als wäre das nicht schon verblüffend genug, hier noch eine Schätzung von Forschenden über sein Alter: 8 500 Jahre!

Apropos alt werden: Wann sollte man eigentlich am besten zum Pilzesuchen starten? So früh wie möglich am Morgen? Oder ist das egal? Ist man nicht sogar noch früher als früh am Morgen, wenn man spät am Abend geht? Die perfekte Uhrzeit gibt es wohl nicht, aber es gibt bessere und schlechtere Wochentage. Stichwort: Wochenende! Wer möglichst viele Pilze finden möchte, sollte unbedingt dem Wochenende zuvorkommen. Denn dann sind die meisten anderen Pilzsuchenden unterwegs. Besonders leer gesammelt sind die Wälder klassischerweise am Montag. Dienstag ist auch eher noch so der Regenerationstag vom Wochenende für die Pilze. Unsere Lieblingspilztage sind darum: Mittwoch, Donnerstag und Freitag. Denn da gibt's viele Pilze und wenig Menschen. Die Uhrzeit spielt dann eigentlich keine Rolle mehr.

Standorttreue macht Freude.

Die Natur lesen lernen

Oldschool, klassisch, hilfreich

Wer die besten Pilzstellen finden will, ist gut damit beraten, die Natur lesen zu lernen. Welche Indizien weisen den Weg? Die Devise ist: Feinste Funde in detektivischer Manier aufspüren!

Geländemerkmale oder wie man sich im Wald zurechtfindet

Von den Wiesenpilzen mal abgesehen, gelten die meisten anderen Pilze als lichtscheu. Das liegt vermutlich daran, dass man sie hauptsächlich im Wald sucht und findet. Wenn wir uns aber mit dem Thema eingehender befassen, merken wir, dass so manche Pilzart weniger lichtscheu ist, als man zunächst annimmt. Denn viele Pilze wachsen an eher lichten Stellen im Wald. Die Gründe dafür sind vielfältig: Lichte Stellen haben ein besonders geeignetes Mikroklima und sind gut „belüftet", was die Sporenverteilung begünstigt. Außerdem spielt Licht möglicherweise auch eine Rolle bei der Fruchtkörperbildung. Denn auch wenn Pilze Licht, anders als Pflanzen, nicht zur Energiegewinnung nutzen, haben sie dennoch Photorezeptoren und nutzen Licht als Informationsquelle über die Umweltbedingungen.

Safrangelber Scheidenstreifling

Licht und Schatten

Zwei prominente Beispiele, die dem Licht nicht ganz abgeneigt sind, sind Steinpilze und Edel-Reizker. Beide Pilzgruppen lassen sich insbesondere im Halbschatten finden. Vorzugsweise sucht man halbschattenliebende Pilzarten an Wegesrändern, in lichten Wäldern oder auch am Waldrand.

Halbschattenliebende Pilzarten sucht man vorzugsweise an Wegesrändern, in lichten Wäldern oder auch am Waldrand.

Beliebte Speisepilze und die für sie tendenziell idealen Lichtverhältnisse

Halbschatten	Generalisten	Schatten
Butterpilz	Brätling	Herbsttrompete
Maipilz	Hexenröhrling	Schwarzkopf-Milchling
Morchel	Echter Pfifferling	Amethyst-Pfifferling
Parasol	Starkriechender Pfifferling	Blasser Pfifferling
Perlpilz	Reifpilz	Trompeten-Pfifferling
Samtiger Pfifferling	Maronen-Röhrling	Ziegelgelber Schleimkopf
Büscheliger Rasling	Violetter Rötelritterling	Schweinsohr
Edel-Reizker	Semmel-Stoppelpilz	
Schopf-Tintling	Frauen-Täubling	
Fichten-Steinpilz		
Sommer-Steinpilz		

Bäume als Schattenspieler

Je nach Baumartenzusammensetzung kann ein Wald ganz unterschiedlich hell sein. Ein ausgewachsener Buchenwald ist beispielsweise eher dunkel, weil das geschlossene Kronendach ziemlich viel Schatten spendet (zumindest in den Monaten, in denen die Bäume belaubt sind). In einem Kiefernwald sieht die Situation völlig anders aus. Durch ihre lichten Kronen gelangt sehr viel Licht in den Wald.

Laubwälder sind allgemein gesprochen dunkler als Nadelwälder. Natürlich hat auch die Bewirtschaftungsform einen Einfluss, denn manche Wälder werden „künstlich“ lichter gehalten als andere. Je nach gesuchter Pilzart kann das mal ein Vorteil, mal ein Nachteil sein. Die unterschiedlichen Lichtverhältnisse beeinflussen sehr die Temperatur und die Feuchtigkeit. Beispielsweise wird ein Kiefernwald an einem Sommertag viel heißer als ein Buchenwald.

Faulheit lohnt sich

Wegränder bieten für beliebte Pilzarten wie Steinpilze oder Reizker ideale Bedingungen, was Lichtintensität und Mikroklima angeht. In trockenen und sonnigen Sommern werden lichte Stellen im Wald dann jedoch schnell pilzarm, da sie schneller austrocknen.

Da viele Pilze besonders gerne an lichteren Stellen wachsen, kann es sich sehr lohnen, einfach mal auf den Wegen zu bleiben. Intuitiv zieht es viele Pilzsuchende ins tiefe dunkle Unterholz, doch bei so mancher Pilzart ist man damit auf dem Holzweg. Wegränder bieten für beliebte Pilzarten wie Steinpilze oder Reizker ideale Bedingungen, was die Lichtintensität und das damit verbundene Mikroklima angeht. In trockenen und sonnigen Sommern werden lichte Stellen im Wald dann jedoch schnell pilzarm, sind sie doch zumeist die ersten Orte im Wald, die austrocknen. Ein weiterer Nachteil von Wegesrändern: Manchmal sind die Nährstoffvorkommen hier besonders hoch. Das geschieht durch intensiven Forstverkehr oder wenn der Wegesrand als örtliche Hundetoilette dient.

Eine gute Alternative zu Wegesrändern sind Störstellen im Wald, an denen durch Fällungen oder den natürlichen Tod einzelner Bäume lichtere Stellen entstanden sind. Wichtig hierbei ist, dass es sich nur um kleinere Flächen handelt. Großflächige Kahlschläge bedeuten auch ein großflächiges Pilzsterben.

***Störstellen** sind Stellen, an denen die „Ordnung“ im Wald unterbrochen wird. Geht zum Beispiel ein Weg durch den Wald, sind durch den Weg bedingt ganz andere mikroklimatische Verhältnisse entstanden. Ein anderes Beispiel für eine Störstelle könnte ein umgestürzter Baum sein. Das sonst geschlossene Kronendach ist an dieser Stelle „aufgerissen“, was wiederum das Mikroklima in diesem Bereich verändert.*

Natürlich gibt es auch Pilze, die man eher in den dunkleren Teilen des Waldes findet. Ein Beispiel dafür sind Herbsttrompeten. Unsere ergiebigsten Stellen befinden sich mitten in alten dunklen Laubwäldern, teilweise sogar an Nordhängen. Von Lichtliebe kann hier so gar keine Rede sein. Auch unter den Schleierlingen gibt es einige, die unserer Erfahrung nach eine Vorliebe für finstere Ecken im Wald haben. Insgesamt gibt es aber bei vielen Pilzen eine gewisse Tendenz zum Halbschatten. Das heißt, hin und wieder ein paar Strahlen Sonne schaden nicht.

Bei vielen Pilzen gibt es eine Tendenz zum Halbschatten.

Ein Hoch auf Böschungen

Schon zuvor wurden die Wegesränder mit Lob überschüttet. Das wollen wir nun noch weiter bekräftigen. Allerdings geht es jetzt um eine ganz besondere Art von Wegesrand, die man hauptsächlich im Berg- und Hügelland findet, nämlich die Böschung. Ein Vorteil von Böschungen ist, dass sie dank der Störstelle Weg Halbschatten zu bieten haben.

Weil Böschungen außerdem abschüssig sind, sammelt sich Laub hier nicht so massiv an wie auf ebener Erde. Die Pilze bleiben also sichtbarer. Zudem befinden sich an Standorten ohne verrottende Laubansammlungen weniger Nährstoffe im Boden. Das wiederum fördert die Vielfalt bei den Pilzen.

Und als wäre das nicht schon genug, haben Böschungen noch ein weiteres Pilz-Ass im Ärmel. Es gibt nämlich Pilzarten, die insbesondere auf Böschungen besonders zahlreich wachsen. Das prominenteste Beispiel dafür ist der Samtige Pfifferling. Diesen schönen aprikosenfarbenen Pilz findet man fast ausschließlich auf Böschungen und Hängen. Das Mikroklima dieser schrägen Mikrohabitate ist perfekt für diese Pilzart. Auch Echte Pfifferlinge und Semmel-Stoppelpilze findet man besonders häufig auf Böschungen, wenn auch weniger exklusiv.

Wo Wiesen sind, sind auch Pilze

Einige Pilze sind sogar dermaßen vom Licht begeistert, dass sie auf Wiesen wachsen. Klassische Wiesenpilze sind zumeist Folgezersetzer, also Pilze, die organische Materie wie zum Beispiel abgestorbene Graswurzeln zersetzen. Eine Handvoll Pilze wächst sowohl im Wald als auch auf der Wiese, wie zum Beispiel der Parasol oder der Maipilz. Die Mehrzahl der klassischen Wiesenpilze wächst allerdings ausschließlich auf Wiesen. Essbare Beispiele dafür wären: Nelken-Schwindling, Riesen-Bovist und Wiesen-Champignon. Dann gibt es noch allerhand nicht essbare Wiesenpilze, beispielsweise Saftlinge, die es in nahezu allen Farben des Regenbogens gibt.

Beim Sammeln von Wiesenpilzen muss man allerdings unbedingt beachten: Gülle und Kunstdünger können unter Umständen erhöhte Schwermetallwerte aufweisen. Und Pilze akkumulieren diese Schwermetalle dann gerne mal (mehr dazu auf Seite 36). Am besten sind also möglichst ungedüngte Wiesen. Die haben zusätzlich den Vorteil, dass auf ihnen die Artenvielfalt viel größer ist.

Eine zusätzliche Herausforderung beim Sammeln von Wiesenpilzen kann das Wetter werden. In längeren Regenphasen wachsen sie meist recht schnell. Kaum wird es wieder wärmer und trockener, vergammeln sie auch schon wieder. Darum findet man besonders viele Wiesenpilze im Spätherbst, wenn starke Sonneneinstrahlung, Hitze und Trockenheit nicht mehr so präsent sind.

Dem Wasser hinterher

Wenn man die Wahrscheinlichkeit für Pilzfunde im Wald erhöhen möchte, sollte man versuchen, die Wege des Regens zu „fühlen". Das klingt zugegebenermaßen nach einer zweifelhaften spirituellen Praktik, aber bringt tatsächlich etwas. In diesem Abschnitt wollen wir die Pfade verfolgen, die das Wasser „geht". Vom Zeitpunkt des Niederschlags bis zum erntereifen Pilzfruchtkörper.

Kronentraufe und Kronendurchlass

Das erste Aufeinandertreffen zwischen Wald und Regenwasser findet in den Baumkronen statt. Und damit das „Regenfühlen" nicht zu sehr ins Esoterische abdriftet, gibt's hier erstmal eine Ladung Rationalismus in Form eines Fachbegriffs: Kronentraufe.

Kronentraufe bezeichnet die Ausmaße einer Baumkrone. Würde man den Umriss der Baumkrone von oben auf den Boden projizieren, wäre die Fläche, die wir erhalten, die Kronentraufe. In der Ökologie hat die Kronentraufe aber eine zweite Bedeutung: Sie bezeichnet den Teil des Regens, der an den Blättern und Ästen entlangfließt und am Rand der Krone abtropft.

Man kann sich so eine Baumkrone als eine Art löchrigen Regenschirm vorstellen. Ein Teil des Regens fließt durch die Krone. Also durch die Löcher unseres Regenschirms. Dazu kommen wir später beim „Kronendurchlass" noch mal. Der Rest des Wassers fließt auf der Krone in Richtung Rand. Wie Regen auf unserem Regenschirm.

Darum gibt es auf dem Boden im Bereich der Kronentraufe (jetzt ist der Bereich gemeint, an dem das Wasser vom Rand der Krone herabtropft) für gewöhnlich eine höhere Menge an Regenwasser. Das kann sich positiv aufs Pilzwachstum auswirken.

In einem Wald, in dem viele Bäume zusammenstehen, kann das gesamte Kronendach des Waldes so dicht geschlossen sein, dass ein Teil des Wassers von Baum zu Baum fließt. Ein konzentriertes Heruntertropfen ist dann vor allem dort zu erwarten, wo das gesamte Kronendach endet.

Das kann am Waldrand sein, aber auch an Waldwegen oder auf kleinen Lichtungen. Auf klassischen Störstellen eben.

Das Phänomen eines eher dichten und geschlossenen Kronendachs gibt es vor allen Dingen bei Laubwäldern. Darum findet man Pilze dort im Sommer und Frühherbst vermehrt an Wegrändern, Waldrändern und auf Lichtungen. Im Unterholz sind zu diesen Jahreszeiten weniger Fruchtkörper zu erwarten. Das Kronendach verhindert, dass hier ausreichend Regenwasser auf den Waldboden trifft – insbesondere dann, wenn das Wetter hauptsächlich von kurzen intensiven Unwettern geprägt ist. Bei plötzlich einsetzendem Regen kann man manchmal mit eigenen Augen sehen, wie der Boden unter einem Baum noch knochentrocken ist, während er rundherum bereits sehr nass ist. So lässt sich die Kronentraufe live miterleben.

Wenn die Laubbäume im Herbst ihr Laub abwerfen, gelangen sowohl Regen als auch Licht besser ins Unterholz. Daraufhin sprießen dann auch dort vermehrt Pilze. Natürlich haben wir es hier nur mit Tendenzen zu tun. Auch im Sommer können Pilze im Unterholz wachsen, aber es gibt schon einen Trend zu Störstellen.

Den Regen, der nicht die Baumkrone seitlich heruntertropft, sondern unmittelbar durch die Lücken in der Baumkrone hindurchfließt, nennt man Kronendurchlass. Der Kronendurchlass kann je nach Baumart sehr unterschiedlich sein. Eine dichte Baumkrone lässt wenig Wasser hindurch. Ein Großteil des Wassers fließt dann entweder die Krone herab (Kronentraufe) oder verdunstet sogar noch in der Krone selbst.

Kronendurchlass (links) und Kronentraufe (rechts) bündeln Feuchtigkeit auf dem Waldboden, was das Pilzwachstum beeinflusst.

Manche Nadelbaumarten wie Kiefern haben eher lichte Kronen. Darum kann ein Teil des Regens ungehindert durch die Krone hindurchregnen.

Jedoch erreicht nur ein Bruchteil des Wassers, das in der Krone eines Nadelbaums landet, den Boden. Das liegt daran, dass sich die Wassertröpfchen gerne mal an den Nadeln „festhalten“. In den Kronen von Nadelbäumen kommt es so dazu, dass ein großer Teil des Niederschlags verdunstet, und zwar ganzjährig. Bei Laubbäumen verdunstet in den Wintermonaten mangels Blättern kaum Wasser in den Kronen. Ein Großteil fließt stattdessen über Äste und Stamm direkt in den Boden. Dadurch kann ein Buchenwald den Boden langfristig gesehen besser mit Wasser anreichern als ein Fichtenwald. Hinzu kommt bei Buchen noch die trichterförmige Wuchsform, die ebenfalls bei der Waldbefeuchtung hilfreich ist. Fassen wir noch einmal zusammen: Ein geschlossenes Kronendach kann in den Sommermonaten dafür sorgen, dass weniger Regen den Waldboden erreicht. Mit einer erhöhten Bodenfeuchtigkeit ist dann vor allem an den Orten zu rechnen, an denen das Kronendach unterbrochen ist, wie zum Beispiel an kleinen Lichtungen, Waldrändern oder Waldwegen.

Ein Laubwald kann insgesamt mehr Wasser im Boden anreichern als ein Nadelwald, weil im Laubwald in den Wintermonaten so gut wie kein Wasser in den Kronen verdunstet. Stattdessen fließt es ungehindert den Stamm hinab in Richtung Boden.

Ein geschlossenes Kronendach kann im Sommer dafür sorgen, dass weniger Regen den Waldboden erreicht. Mit einer erhöhten Bodenfeuchtigkeit ist dann vor allem dort zu rechnen, wo das Kronendach unterbrochen ist, zum Beispiel an Lichtungen, Waldrändern oder Waldwegen.

Ein Laubwald kann mehr Wasser im Boden anreichern als ein Nadelwald, weil im Laubwald in den Wintermonaten so gut wie kein Wasser in den Kronen verdunstet.

Höhen und Tiefen

Keine Sorge, wir sind mit unserer Übung „Regenfühlen“ noch nicht fertig. Jetzt folgen wir dem Regen nämlich noch über Stock und Stein. Die Baumkronen lassen wir über uns.

Zunächst sind da die Höhen und Tiefen des Waldes. Wasser fließt immer bergab und sammelt sich in Vertiefungen. Wenn die Wetterlage gerade eher trocken ist, lohnt es sich, genau das nachzuverfolgen und dort nach Pilzen zu suchen, wo das Wasser hinfließt. Manchmal ist es an solchen Stellen noch feucht genug.

Bei sehr feuchtem Wetter hingegen lohnt sich ein Blick auf die Orte, von denen das Wasser schnell mal abfließt, wie zum Beispiel Kuppen von Hügeln. Denn auch dort gibt es natürlich Pilze. Damit die Pilze sprießen können, braucht es dann nur besonders viel Wasser. Weil Pilze an von Natur aus trockenen Standorten etwas seltener fruktifizieren, ist meist umso mehr los, wenn es mal richtig feucht ist.

Natürliche Feuchtgebiete

An nährstoffreichen Standorten gibt es nur sehr wenige bis gar keine Mykorrhiza-Pilze.

In besonders trockenen Zeiten wird man eher dort fündig, wo es von Natur aus viel Wasser gibt. Allerdings muss man hier sehr differenzieren, denn manche Feuchtgebiete sind alles andere als ideal für viele Pilzarten. Klassische Auwälder sind beispielsweise recht nährstoffreich. Nährstoffreichtum bedeutet, dass es nur sehr wenige bis gar keine Mykorrhiza-Pilze gibt. Im Gegensatz dazu zeichnen sich die Ränder von Mooren oft durch Nährstoffarmut aus und sind daher für Pilze attraktiver.

Der Duftende Gürtelfuß verströmt einen Geruch nach Geranien und liebt besonders feuchte und moosige Wälder.

Moore stehen für gewöhnlich unter Naturschutz, dort dürfen also auch keine Pilze gesammelt werden. Allerdings ist hin und wieder die größere Umgebung von Mooren etwas feuchter und nicht immer geschützt.

In trockenen Wetterperioden sind das Orte, an denen es mit etwas Glück trotzdem Pilze geben kann (ein paar unserer besten Pilzstellen befinden sich im Orbit von Mooren). Außerdem ist die Artenvielfalt hier mitunter besonders groß, was insbesondere dann spannend ist, wenn man sich auch für die nicht essbaren Pilze interessiert.

Auch die Ränder von Seen, sofern sie nährstoffarm sind, können selbst in Dürrezeiten pilzreich sein. Meist ist der Abschnitt, in dem Pilze wachsen, dann ein recht schmaler Streifen, der den See wie ein Kragen umschließt. Man könnte ihn sich auch wie den Ring eines Planeten vorstellen. In diesem Ring ist es dann weder zu feucht noch zu trocken.

BEISPIELSZENARIO Es ist mal wieder einer dieser ewig trockenen Sommer. Wer jetzt im Wald Pilze finden möchte, muss die Stellen suchen, an denen es noch am feuchtesten ist beziehungsweise wo am meisten Regen gefallen ist. Ein guter Anfang sind zunächst Weg- und Waldränder, an denen das Regenwasser dank der Kronentraufe besonders intensiv den Boden befeuchten konnte. Am besten sind dabei Orte, die zwar gut beregnet werden können, gleichzeitig jedoch nicht zu sehr der Sonne ausgesetzt sind. Ein nördlicher Waldrand ist dann also die wesentlich bessere Wahl als ein südlicher Waldrand. Falls auch solche Stellen zu trocken sind, bleiben immer noch Bachläufe oder zumindest natürliche Vertiefungen, die schnell mal zu einem Bachlauf werden, wenn es regnet. Hier ist noch mit der größten Restfeuchte zu rechnen.

Meistens suchen wir unsere Pilze zu Fuß. Aber immer nur das Gleiche machen ist doch auch nicht gut. Wie wäre es, mal die Macht der Gewohnheit zu brechen und schwimmend nach einer Pilzschwemme Ausschau zu halten? Zwei ganz besondere Pilzstellen haben wir schon genau so gefunden.

Die erste liegt an einem See in Brandenburg. Sommer in Brandenburg bedeutet leider viel zu oft Dürre. So war es auch dieses Mal wieder. Nichts wie ab ins kühle Nass. Als wir so in einem der vielen Seen planschten, erblickten wir sie auf einmal am Ufer: Pilze! Nach anfänglicher Skepsis, ob sie überhaupt real sein konnten und nicht etwa das Ergebnis eines Sonnenstichs waren, stellten wir fest, dass es sich bei ihnen tatsächlich um eine große Ansammlung von Perlpilzen handelte. Diese hatten unweit des Ufers die perfekten Feuchtigkeitsbedingungen gefunden, obwohl es schon ewig nicht mehr geregnet hatte.

Die zweite Pilzstelle befindet sich an einem See im Schwarzwald. Die Situation war eigentlich so ziemlich wie in Brandenburg: Zu trocken für Pilze – wir sind schwimmen. Und plötzlich dann der Aufschrei: „Pilze!“ Denn am Ufer dieses Sees wuchsen Hunderte Pfifferlingsbabys in einer Linie. Auch hier war durch die Feuchtigkeit vom See ein perfektes Mikrohabitat entstanden.

Totholz

Eines der wertvollsten Mikrohabitate im Wald ist das Totholz. Wenn Bäume einfach eines natürlichen Todes sterben dürfen und dann nichts weiter mit diesen toten Bäumen gemacht wird, amplifiziert sich die Biodiversität.

Artenvielfalt kann manchmal so einfach sein. An einem toten Baumstamm leben viele auf Zersetzung spezialisierte Pilzarten. Ein prominentes Beispiel sind die Stachelbärte. Diese wunderschönen Pilze wären hier in Mitteleuropa sehr häufig, wenn es denn genügend Totholz gäbe. Gibt es aber leider nicht und darum sind diese Pilze sehr selten. Sie sind aber nicht die einzigen Totholzbewohner. Auch eine Vielzahl anderer Pilze und Lebewesen nascht, liebt und lebt Totholz, wie zum Beispiel Zunderschwämme, Trameten oder auch Seitlinge.

Das Totholz hat zudem einen angenehmen Nebeneffekt für den Wald: Es kann Wasser speichern. Denn ist es erstmal etwas morsch, wird es zu einer Art natürlichem Riesenschwamm. Davon profitiert der ganze Wald. Wann immer man Totholz sieht, lohnt sich ein Blick auf die Pilzvielfalt.

Totholz kann Wasser speichern.

Pilze sind faszinierend. Manchmal möchte man einfach nur innehalten und staunen.

An Totholz gibt es meist das ganze Jahr über etwas aus der Welt der Pilze zu entdecken. Weil die Feuchtigkeit so gut gespeichert werden kann, findet man an Totholz selbst im trockenen Dürresommer noch Pilze. Wir konnten schon nach wochenlanger Trockenheit im Hochsommer frische Lungenseitlinge und sogar Ästige Stachelbärte (schonenswert!) an Totholz finden.

Totholz bezeichnet abgestorbene Bäume oder Baumteile, die entweder noch stehen oder bereits am Boden liegen. Es ist ein zentraler Lebensraum für viele Tier-, Pilz- und Pflanzenarten und spielt eine wichtige Rolle für die Artenvielfalt und den Nährstoffkreislauf im Wald. Großes, dickes Totholz ist wertvoller als dünnes, weil es über längere Zeit verschiedene Zersetzungsstadien und damit vielfältige Lebensräume bietet. Stämme von Bäumen, die schon ein dreistelliges Alter erreichen durften, sind besonders artenreich. Seltene Pilze wie Stachelbärte findet man nicht an einer zehnjährigen toten Buche, sondern eher an einer hundertjährigen.

Zeigerpflanzen

Wer Pilze sucht, muss Pflanzen kennen! Pilze suchen ohne Pflanzenkenntnisse ist ein bisschen so wie Kochen mit einem stumpfen Messer. Es funktioniert zwar, könnte aber noch viel besser sein. Denn die Pflanzen sind es, die uns bei der Pilzjagd die halbe Sucharbeit abnehmen. Sie verraten uns schon allein mit ihrer Anwesenheit so viel über ihren Lebensraum. Und wir müssen nur noch lernen, diese Informationen zu verstehen und anzuwenden. Dank der Pflanzen wird die Pilzsuche nicht nur erfolgreicher, sondern macht auch noch mehr Spaß. Darum wollen wir uns jetzt den Pflanzen widmen. Gemeint sind damit Wildkräuter. Um Bäume soll es hier nicht gehen, mit denen beschäftigen wir uns aber intensiv ab Seite 92. Während uns Bäume viel über potenzielle Pilzarten verraten können, sind es vor allem die Wildkräuter, die uns Informationen darüber geben können, wo bessere und wo schlechtere Bedingungen für Pilze herrschen.

Tolle Zeigerpflanzen für saure Böden: Drahtschmiele (links), Weißmoos und Heidelbeere (rechts)

Wenn wir eine Pflanze fragen, wo die nächsten Pilze stehen, wird sie unbeeindruckt nichts tun. Zum Glück muss sie auch gar nicht sprechen lernen, ihre bloße Anwesenheit sagt schließlich schon so viel. Denn jede Pflanzenart hat ihre spezifischen Ansprüche an ihr Habitat, die die Voraussetzung dafür sind, dass sie dort überhaupt wachsen beziehungsweise sich gegen die Konkurrenz durchsetzen kann. Manche Pflanzen mögen Schatten, andere volle Sonne. Manche Pflanzen haben es gerne trocken, andere eher feucht. So kann man die Liste an Anforderungen noch eine ganze Weile fortführen. Die unterschiedlichen Ansprüche, die Pflanzen an ihr Habitat haben, nennt man Zeigerwerte. Wenn eine Pflanze irgendwo wächst, zeigt sie uns mit ihrer Anwesenheit, dass diese Werte erfüllt sind. Genau diese Zeigerwerte wollen wir bei der Pilzsuche nutzen.

Die unterschiedlichen Ansprüche, die Pflanzen an ihr Habitat haben, nennt man Zeigerwerte. Diese wollen wir bei der Pilzsuche nutzen.

Zunächst stellt sich die Frage, welche Zeigerwerte besonders relevant sind. Für die erfolgreiche Pilzsuche sind das vor allem die Reaktionszahl und die Stickstoffzahl.

GUTE GRÜNDE sich mit Zeigerpflanzen zu beschäftigen

1. Lange gesuchte, aber bisher nie gefundene Pilze lassen sich besser finden.
2. Man lernt, gute von schlechten Pilzstellen zu unterscheiden.
3. Auch dann, wenn keine Pilze wachsen, kann man Stellen mit hohem Pilzpotenzial erkennen.

Reaktionszahl – sauer oder basisch?

Die Reaktionszahl sagt etwas darüber aus, ob ein Boden sauer, basisch oder irgendetwas dazwischen ist. Wenn eine Pflanze die Reaktionszahl 1 hat, bedeutet das, sie wächst ausschließlich auf sauren Böden und niemals auf neutralen oder gar basischen. Die Reaktionszahl 9 steht für das genaue Gegenteil: Solche Pflanzen wachsen ausschließlich auf basischen Böden. Die Zahlen zwischen 1 und 9 stehen für Abstufungen dazwischen. Die 5 ist zum Beispiel ein „Mäßigsäurezeiger“. Solche Pflanzen stehen sowohl auf stark sauren als auch auf neutralen Böden. In seltenen Fällen können sie sogar mal auf basischen Böden stehen. Was wir suchen, sind Pflanzen, die recht eindeutig auf einen entweder sauren oder basischen Boden schließen lassen, also Pflanzen mit einer möglichst kleinen oder großen Reaktionszahl.

Die besten Zeigerpflanzen für saure Böden

Zeigerpflanze	Reaktionszahl
Besenheide	1
Drahtschmiele	1
Rippenfarn	1
Weißmoos	1
Heidelbeere	2

Die besten Zeigerpflanzen für basische Böden

Zeigerpflanze	Reaktionszahl
Echte Schlüsselblume	8
Gemeine Akelei	7
Haselwurz	7
Hohe Schlüsselblume	7
Leberblümchen	7
Vogel-Nestwurz	7
Waldmeister	6

Diese Arten mögen basische Böden: Speise-Morchel (links), Leberblümchen (Mitte), Waldmeister (rechts).

Stickstoffzahl – nährstoffarm oder nährstoffreich?

Dank der Stickstoffzahl bekommen wir von der Pflanze Informationen über das Stickstoffvorkommen im Boden. Auch hier geht die Skala wieder bei 1 los und endet bei 9. 1 bedeutet, der Boden ist extrem stickstoffarm. 9 hingegen bedeutet, der Boden ist extrem stickstoffreich. Die Artenvielfalt von Pilzen ist auf stickstoffarmen Böden wesentlich größer als auf stickstoffreichen. Das gilt übrigens auch für Pflanzen und damit sogar für Insekten, die von den Pflanzen leben.

Stickstoffarmut bedeutet Artenvielfalt! Stickstoffarme Böden sind normalerweise allgemein nährstoffarm, was eine gute Voraussetzung für die Biodiversität ist.

Warum ist das so, insbesondere mit dem Fokus auf Pilze? Für Folgezersetzer und Parasiten (Seiten 66 und 92) ist es nicht so wichtig, wie nährstoffarm oder -reich der Boden ist. Für Mykorrhiza-Pilze ist Nährstoffarmut jedoch sehr relevant. Mykorrhiza-Pilze wachsen ja in Symbiose mit Pflanzen. Wenn Pflanzen bereits gut mit Nährstoffen versorgt sind, brauchen sie die Hilfe von Pilzen nicht mehr. Ist der Boden hingegen nährstoffarm, brauchen Pflanzen die Unterstützung von Pilzen. Denn Pilze versorgen die Pflanzen mit zusätzlichen Nährstoffen, an die die Pflanzen mit ihrem eigenen Wurzelwerk nicht rankommen.

Nährstoffzeiger deuten auf schlechte Stellen für Pilze hin, Magerzeiger auf gute Stellen für Pilze.

Wenn man im Wald Brennnesseln oder Brombeeren (Nährstoffzeiger) sieht, bedeutet das, dass an dieser Stelle mit weniger Pilzen zu rechnen ist. Ein paar Pilze tolerieren nährstoffreiche Standorte zwar halbwegs, zum Beispiel Rotfuß-Röhrlinge und Parasolpilze, aber die große Vielfalt findet dort nicht statt. Trifft man hingegen auf Heidelbeere oder Vogel-Nestwurz (Magerzeiger), hat man einen Ort mit ordentlich Pilzpotenzial gefunden.

*Warum bedeutet **Stickstoffarmut** Artenvielfalt und woher kommt der ganze Stickstoff? An und für sich ist Stickstoff ja essentiell für Pflanzen. Zu viel Stickstoff kann jedoch die Artenvielfalt verringern, weil dadurch wenige konkurrenzstarke Arten viele konkurrenzschwache Arten verdrängen. Das Problem ist, dass es viel mehr Arten gibt, die auf Nährstoffarmut spezialisiert sind, als es Arten gibt, die Nährstoffreichtum mögen. Schauen wir uns das an einem Beispiel an. Eine Magerwiese hat pro Quadratmeter etwa 40 bis 60 Pflanzenarten, eine Fettwiese hingegen nur 10 bis 20. Der überschüssige Stickstoff stammt vor allem aus Landwirtschaft (Dünger, Gülle), Verkehr und Industrie (Abgase). Die Überdüngung der Böden ist einer der Hauptfaktoren für die Biodiversitätskrise.*

Die besten Zeigerpflanzen für stickstoffarme Böden

Zeigerpflanze	Stickstoffzahl
Bärlapp	1
Preiselbeere	1
Blutwurz	2
Wald-Wachtelweizen	2
Heidelbeere	3
Rippenfarn	3

Bärlapp, Heidelbeeren und Blutwurz zeigen stickstoffarme Böden an.

Die besten Zeigerpflanzen für stickstoffreiche Böden

Zeigerpflanze	Stickstoffzahl
Brennnessel	9
Knoblauchsrauke	9
Giersch	8
Löwenzahn	8
Brombeere	6
Himbeere	6

Löwenzahn (links) und Brombeere (rechts) zeigen nährstoffreiche Böden an. Mykorrhiza-Pilze fühlen sich hier nicht wohl, aber Folgezersetzer wie Käppchen-Morchel (links) und Riesen-Bovist (rechts) lassen sich finden.

Zeigerpilze

Pflanzen sind, was ihre Umwelt angeht, offene Bücher, wenn man sie zu lesen versteht. Wie sieht's eigentlich mit den Pilzen aus? Gibt es auch Zeigerpilze? Na klar! Auch Pilze verraten uns viel über ihr Habitat, wenn auch nur für kurze Zeit. Denn im Gegensatz zu Pflanzen sind sie nur kurze Zeit zu sehen.

Wo Pilze wachsen, wachsen noch mehr Pilze

Orte, an denen Mykorrhiza-Pilze wachsen, sind in der Regel nährstoffarm. Soll heißen, wo wir eine Mykorrhiza-Art entdecken, könnten auch andere wachsen. Unsere beste Pfifferlingsstelle verwandelt sich beispielsweise im Spätherbst zu einer extrem ergiebigen Marzipan-Schnecklings-Stelle. Orte, an denen viele Pilze einer Art wachsen, kann man also auch dann aufsuchen, wenn diese Art gerade nicht Saison hat. So wird man womöglich von einem Massenvorkommen einer anderen Art überrascht.

Da viele Pilzarten entweder saure oder basische Böden bevorzugen, kann man mit ihnen ebenfalls etwas über den pH-Wert des Bodens lernen. Nützlich hierbei ist die Übersicht auf Seite 10. Meistens braucht man dafür nicht unbedingt Pilze zurate ziehen, weil man ja eigentlich schon die Pflanzen hat. Aber es kann auch mal sein, dass weit und breit gar keine Pflanzen wachsen. In so manchem alten Buchenwald ist das zum Beispiel so. Buchen sind dort hin und wieder die einzigen Pflanzen in Sichtweite. An solchen Orten können Pilze dann sehr nützlich sein.

Pilze, die auf Pilze zeigen

Besonders spannend sind aber Zeigerpilze, die auf eine erhöhte Wahrscheinlichkeit für das Auftreten anderer Pilzarten hindeuten. Da Pilze sich im Allgemeinen etwas mysteriös und unvorhersehbar verhalten, ist das schon eine Seltenheit. Ein Triumvirat der Zeigerpilze gibt es aber doch: Fliegenpilz, Pfefferröhrling und Mehlräsling. Wo diese drei Arten vorkommen, können wir darauf hoffen, auch Steinpilze zu finden. Besonders nützlich ist der Mehlräsling, dieser tritt nämlich gerne mal wenige Tage bis eine Woche vor den Steinpilzen auf. Außerdem ist er unserer Erfahrung nach der sicherste Zeigerpilz für Steinpilzstellen. Wenn man Mehlräslinge entdeckt, sollte man diese Stellen unbedingt in den nächsten Tagen im Auge behalten. Manchmal treten die Mehlräslinge aber auch zeitgleich mit den Steinpilzen auf. Und auch dann können sie uns von Nutzen sein. Denn während Steinpilze eine recht gute Tarnung haben, sind die weißen Mehlräslinge oft schon aus weiter Entfernung sichtbar. Beim Steinpilzesuchen gilt: Weiße Punkte im Wald suchen, draufzusteuern und diese Orte dann gezielt absuchen. Man muss dann nur noch hoffen, dass die weißen Punkte auch wirklich Mehlräslinge sind und keine Taschentücher.

„Weiße Punkte“ im Wald helfen bei der Steinpilzsuche: Mehlräslinge suchen und diese Orte dann gezielt nach Steinpilzen absuchen.

*Apropos **Taschentücher**: Die haben auf dem Waldboden natürlich nichts verloren, genauso wenig wie ihre artverwandten Klopapiere. Denn es kann im Extremfall mehrere Jahre dauern, bis sie sich aufgelöst haben. Falls es gar nicht anders geht: eingraben! Wer auf Papiertücher im Wald stößt, kann sie gerne mit einem Stock in den Boden schieben oder ein paar Steine drauflegen. Dadurch verschwinden sie zwar nicht, aber der Wald sieht weniger nach Müllkippe aus. Sind wir mal ehrlich, nichts ist schlimmer, als beim Pilzesammeln auf Klopapier zu stoßen. Da geht gleich das Kopfkino an und die Pilze schmecken nur noch halb so gut.*

Zeigertiere

Zeigerpflanzen bei der Pilzsuche zu verwenden, bringt die Suche auf ein neues Level und ist gar nicht so schwer. Zeigerpilze mit einzubeziehen kann in gewissen Situationen auch hilfreich sein. Aber jetzt wollen wir noch einen letzten verrückten Schritt wagen: Wir suchen Pilze mithilfe von Zeigertieren!

Morchel-Zeigertiere

Wer gerne Pilze sammelt, wird bemerkt haben, dass wir Menschen nicht die einzigen Lebewesen mit Pilzhunger sind. Auch Schnecken knabbern gerne mal an Pilzen. Es ist überraschend, wie schnell sie frisch gewachsene Pilze entdecken. Wenn man Pilze finden möchte, muss man manchmal einfach nur einer Schnecke folgen, nur um sie dann im letzten Moment zu überholen und ihr den aufgespürten Pilz wegzuschnappen. Nein, auf diese Weise Pilze zu suchen, wäre nicht nur unfassbar ineffektiv, sondern auch gemein. Dennoch sollten wir den Schnecken noch nicht den Rücken kehren, denn es gibt tatsächlich etwas, das wir von ihnen erfahren können: Wo die Morcheln wachsen! Na gut, das ist jetzt eine dezent großspurige Behauptung, aber einen wahren Kern hat sie doch.

Die Weinbergschnecke erwacht aus dem Winter und zeigt hoffentlich den Weg zu frischen Morcheln.

Die Schnecken, die bei der Pilzsuche besonders nützlich sein können, sind Weinbergschnecken. Orte, an denen viele Weinbergschneckenhäuser herumliegen, sind unter Umständen gute Morchelhabitate, weil die verlassenen Häuschen auf basischen Boden hinweisen. Weinbergschnecken brauchen nämlich Calcium aus dem Boden, damit sie ihr Schneckenhaus daraus „bauen" können. Darum findet man diese Schneckenart vor allem auf Kalkböden. Saure Böden mögen die Weinbergschnecken hingegen nicht so gerne. Nicht nur, weil es dort zu wenig Calcium gibt, sondern auch weil der saure Boden ein bereits bestehendes Schneckenhaus sogar schädigen kann (Essigessenz hilft ja auch in der Küche beim Entfernen von Kalkablagerungen).

Große Vorkommen von Weinbergschnecken oder auch ihren Häusern sind ein gutes Zeichen für basische Verhältnisse im Boden.

Neben der Weinbergschnecke ist auch der Schwarzblaue Ölkäfer ein interessantes Zeigertier. Dieser wunderschöne Käfer wird ungefähr zur gleichen Zeit aktiv, in der die Morcheln sprießen. Außerdem mag er ähnliche Habitate: Auwälder mit einer vielfältigen Krautschicht oder auch artenreiche Wiesen. Der Schwarzblaue Ölkäfer ist leider mittlerweile eine Rote-Liste-Art. Weil man ihn bei der Morchelsuche öfters mal trifft, sollte man darum auch besonders aufpassen, dass man ihn nicht versehentlich platt tritt. Auch ärgern sollte man ihn nicht, denn wenn er sich gestört fühlt, kann er ein giftiges Sekret absondern, was unter anderem stark reizend auf Schleimhäute wirkt. Die Anwesenheit von diesem Käfer lässt also durchaus auf Morcheln hoffen, mahnt aber auch zu Vorsicht und Umsicht gegenüber den anderen Lebewesen in der Natur.

Trüffel-Zeigertiere

Nicht nur Ölkäfer und Weinbergschnecken sind gute Gesellschaft bei der Pilzsuche. Auch Fliegen können uns wahre Delikatessen zeigen. Um genauer zu sein: Trüffelfliegen! Diese kleinen Insekten haben nämlich ganz sensible Riechorgane, mit denen sie Dimethylsulfid wahrnehmen können, also den Stoff, mit dem Trüffeln allerlei Tiere anlocken wollen, um gefressen zu werden. Trüffelfliegen fliegen wenige Zentimeter über dem Waldboden und umkreisen dabei die Stellen, die den Trüffelgeruch verströmen. Irgendwann legen sie dann ihre Eier in die Erde und die daraus geschlüpften Larven machen sich auf den Weg in die Trüffel, die dann gefuttert wird. Es braucht etwas an Erfahrung, um Trüffelfliegen zu erkennen, aber dank ihres auffälligen Verhaltens unterscheiden sie sich schon von den meisten anderen Insekten. Wenn man sie irgendwo auffällig eine Stelle umkreisen sieht, kann man sich recht sicher sein, dass es dort Trüffeln gibt. Wichtig dabei zu beachten ist jedoch, dass man besser nicht den ganzen Waldboden umgraben sollte. Außerdem ist das Sammeln von Trüffeln in Deutschland verboten. In Ländern, in denen das Sammeln erlaubt ist, sind die Fliegen aber gute Zeigertiere für Orte, die man dann anschließend mit einem Trüffelhund aufsuchen kann.

DIE BESTEN Zeigerarten für beliebte Speisepilze

1. Herbsttrompete: Waldmeister, Leberblümchen, Vogel-Nestwurz
2. Speise-Morchel: Gelbes Windröschen, Leberblümchen, Waldbingelkraut, Lungenkraut, Hohe Schlüsselblume, Weinbergschnecke, Schwarzblauer Ölkäfer
3. Spitz-Morchel: Huflattich, Pestwurz, Hohe Schlüsselblume
4. Amethyst-Pfifferling: Adlerfarn, Waldsauerklee
5. Echter Pfifferling: Heidelbeere, Weißmoos, Besenheide, Drahtschmiele
6. Fichten-Steinpilz: Heidelbeere, Weißmoos, Besenheide, Drahtschmiele, Mehlräsling, Fliegenpilz, Pfefferröhrling

Unsere Pilzbegeisterung ist über die Jahre betrachtet immer unterirdischer geworden. Irgendwann wollten wir darum auch unbedingt wissen, was eigentlich so unter der Erde wächst. Wie gut, dass genau zu dieser Zeit unsere Hündin Cookie in unser Leben kam. Denn Hunde sind bekannt dafür, dank ihrer überragenden Riechfähigkeiten die ultimativen Zeigertiere zu sein. Mit der Hilfe unserer großartigen Hundetrainerin Bärbel brachten wir Cookie bei, uns Trüffeln anzuzeigen und auch vorsichtig auszubuddeln. Während so mancher Trüffelhund lediglich das Anzeigen von essbaren Arten erlernt, haben wir Cookie das Aufspüren aller Trüffelarten beigebracht. Und es hat sich gelohnt! Dank Cookie konnten wir schon unzählige Trüffelarten finden. Teilweise sogar extrem seltene, die wir mittlerweile auch kartiert haben. Für Hunde ist Trüffelsuchen auch ein Riesenspaß: schnüffeln, buddeln, belohnt werden. Das ist das perfekte Hundeleben! Wichtig zu wissen: In Deutschland ist das Sammeln von Trüffeln der Gattung Tuber verboten. Da wir aber in der Nähe der Schweiz leben, können wir es dort tun.

Gute Partner, schlechte Partner – Bäume und ihre Pilze

Die Artenvielfalt und Individuenzahl von Pilzen wird weder von ihrem Horoskop noch von irgendwelchen Tarotkarten beeinflusst. Nein, worauf es wirklich ankommt, das sind Bäume! Diese prächtigen, sauerstoffspendenden Riesenpflanzen schaffen oder vernichten Lebensräume für Pilze. Wenn man Pilze finden möchte, ist es sehr wichtig zu wissen, unter welchen Bäumen man überhaupt mit Pilzen rechnen kann und wo man gar nicht erst zu suchen braucht. Denn Bäume verraten uns, wie auch die Zeigerpflanzen auf Seite 82, sehr viel über Pilze.

Viele Pilze, wenige Pilze: Auf die Bäume kommt es an

Was Folgezersetzer (Seite 66) und Parasiten angeht, kann man bei fast jeder Baumart fündig werden. Natürlich gibt es auch unter diesen Pilzen den ein oder anderen Spezialisten, der sich auf ein ganz spezielles Substrat spezialisiert hat, zum Beispiel Fichten-Zapfenrübling auf Fichtenzapfen. Allerdings ist es schon so, dass man unter oder an fast jedem Baum einen Parasiten oder Folgezersetzer findet.

Parasitäre Pilze befallen vor allem alte und geschwächte Bäume. Im noch lebenden Baum siedeln sie sich an und töten diesen, indem sie den Baum von innen heraus zersetzen. Manchmal dauert dieser Tötungsprozess mehrere Jahre. Berühmte und essbare Beispiele für Parasiten sind der Schwefelporling und die Krause Glucke.

Wesentlich komplexer wird die Angelegenheit, wenn man nach Mykorrhiza-Pilzen sucht. Mykorrhiza-Pilze gehen ja mit Bäumen eine Symbiose ein. Der Baum bekommt dank des Pilzes zusätzliche Nährstoffe und Wasser, der Pilz erhält im Gegenzug Kohlenhydrate vom Baum. Mehr Informationen dazu gibt es in den Abschnitten „Bäume suchen, Pilze finden“ (Seite 24), „Haben Pilze einen Zeitplan?“ (Seite 58) sowie „Von Kurzbesuch bis Ewigkeit: Standorttreue bei Pilzen“ (Seite 65).

Nun muss man aber wissen, dass nicht alle Mykorrhiza-Pilze gleich sind. Es gibt nämlich Endo- und Ektomykorrhiza-Pilze. Endomykorrhiza-Pilze gehen zwar eine Symbiose mit Pflanzen ein, bilden aber keine oberirdischen Fruchtkörper aus. Es gibt eine Vielzahl an Bäumen, die ausschließlich mit solchen Endomykorrhiza-Pilzen in Symbiose geht, wie zum Beispiel Ahorne und Ulmen. Bei diesen Bäumen gibt es zwar eine Symbiose mit Pilzen, aber eben nur mit Arten ohne Fruchtkörper. Hier spielt sich alles ausschließlich unterirdisch ab. Unter Eschen wird man also so gut wie keine Mykorrhiza-Pilze fürs Pilzkörbchen finden, Folgezersetzer oder Parasiten lassen sich dort allerdings schon blicken.

Interessanter für Pilzsuchende sind hingegen die Bäume, die in eine Symbiose mit Ektomykorrhiza-Pilzen gehen. Diese Pilze bilden nämlich auch Fruchtkörper aus und diese Pilze sind es auch, zu denen wir Steinpilz, Pfifferling und Co. zählen. Darum lohnt sich die Pilzjagd vor allem unter solchen Bäumen. Denn bei ihnen finden wir neben Folgezersetzern und Parasiten auch symbiotische Pilze. Jetzt wären doch zwei Listen hilfreich, die darstellen, welche Bäume mit vielen Ektomykorrhiza-Pilzen eine Symbiose eingehen können und welche mit wenigen bis gar keinen.

Gute Nachrichten, hier sind sie schon:

Bäume mit vielen potenziellen Mykorrhiza-Partnern	Bäume mit wenigen bis keinen Mykorrhiza-Partnern
Birke	Ahorn
Eiche	Apfel
Fichte	Eibe
Hainbuche	Erle
Hasel	Esche
Kiefer	Kirsche
Lärche	Stechpalme
Linde	Ulme
Pappel	Weide
Rotbuche	
Tanne	

Mykorrhiza-Pilze	Folgezersetzer	Parasiten
Goldröhrling	Austernseitling (Winterpilz)	Eichhase (auch als Folgezersetzer)
Herbsttrompete	Riesen-Bovist (Wiesenpilz)	Krause Glucke
Flockenstieliger Hexenröhrling	Kleiner Wald-Champignon	Dunkler Hallimasch
Netzstieliger Hexenröhrling	Judasohr (Winterpilz)	Honiggelber Hallimasch
Kornblumenröhrling	Echter Knoblauchschwindling	Klapperschwamm
Blasser Pfifferling	Maipilz (Frühlingspilz)	Leberreischling (auch als Folgezersetzer)
Echter Pfifferling	Speise-Morchel (Frühlingspilz) (möglicherweise auch Mykorrhiza)	Schwefelporling
Samtiger Pfifferling	Spitz-Morchel (Frühlingspilz) (Artenkomplex mit zum Teil ungeklärter Ernährungsweise)	
Starkriechender Pfifferling	Parasol	
Trompeten-Pfifferling	Violetter Rötelritterling	
Edel-Reizker	Samtfußrübling (Winterpilz)	
Maronen-Röhrling (möglicherweise auch Folgezersetzer)	Schopf-Tintling	
Frost-Schneckling (Winterpilz)	Rauchblättriger Schwefelkopf	
Fichten-Steinpilz	Nelken-Schwindling (Wiesenpilz)	
Sommer-Steinpilz	Ästiger Stachelbart (schonenswert)	
Apfel-Täubling	Dorniger Stachelbart (schonenswert)	
Frauen-Täubling	Igel-Stachelbart (schonenswert)	
Grüngefelderter Täubling	Tannen-Stachelbart (schonenswert)	
Speise-Täubling	Stockschwämmchen	

Bei Pilzen oft unbeliebt: Neophyten

Nun gibt es in unseren Wäldern ja auch vermehrt Baumarten, die hier in Mitteleuropa ursprünglich gar nicht heimisch sind. Wie sieht es bei denen eigentlich mit Pilzen aus? Leider eher schlecht. Viele der neuen Arten, die gepflanzt werden, sind nicht gut für das hiesige Ökosystem. Insekten und Vögel können mit ihnen oft nichts anfangen, die Bodenorganismen haben Schwierigkeiten, das anfallende Laub zu verdauen, und Pilze gehen mit ihnen auch so gut wie keine Symbiose ein. Die zwei prominentesten „Problembäume", die leider auch besonders häufig gepflanzt werden, sind die Douglasie und die Roteiche. Beide stammen ursprünglich aus Nordamerika. Dort passen sie perfekt in die jeweiligen Ökosysteme und leben auch mit vielen Pilzen in Gemeinschaft. Hierzulande sieht es leider ganz anders aus und die Bäume wirken wie Fremdkörper im Ökosystem.

Doch nicht alle Neuankömmlinge werden so schlecht von der Pilzwelt angenommen. Die aus Südeuropa stammende Edelkastanie oder auch die Zerreiche können durchaus gut von Pilzen und anderen Lebensformen akzeptiert werden. Das liegt vermutlich auch daran, dass einige dieser symbiotischen Lebewesen sowohl in Süd- als auch in Mitteleuropa vorkommen und diese Bäume daher schon „kennen".

Einer unserer besten Pilzwälder ist ein recht abgelegener Buchenwald. Dort gibt es Klassiker wie Sommer-Steinpilze und Semmel-Stoppelpilze, aber auch jede Menge Seltenheiten wie Bronze-Röhrlinge und Schwärzende Pfifferlinge. Es ist ein wahres Pilzparadies und manchmal kann man dort gefühlt das halbe Bestimmungsbuch in natura versammelt sehen. An zwei Stellen gibt es aber auch Parzellen, auf denen Douglasien gepflanzt wurden. Die eine Parzelle ist noch relativ jung, die Douglasien sind maximal zehn Jahre alt. Die zweite Douglasienparzelle hat ein höheres Alter, die Bäume sind schon richtige Riesen. Das Interessante: Während es in den Buchenabschnitten dieses Waldes manchmal über hundert Arten gleichzeitig gibt, wachsen in den Douglasienabschnitten so gut wie keine Pilze. Die einheimische Baumart, die dort auch von Natur aus wachsen würde, wird ganz wunderbar von der Pilzwelt angenommen. In den Douglasienaufforstungen hingegen ist gähnende Leere.

Birke

Merkmale: Rinde weiß mit schwarzen Rissen, Blätter zugespitzt mit gezacktem Rand, dünne Zweige hängen wie Fäden herab

Wenn wir von der Birke sprechen, sprechen wir in diesem Fall von der Hänge-Birke. Sie ist eine klassische Pionierbaumart. Das heißt, wenn eine freie Fläche anfängt zu verwildern, ist die Birke oft eine der ersten Baumarten. Solche Freiflächen können ehemals vom Menschen genutzte Orte sein, die sich selbst überlassen werden, oder auch Kahlschläge sowie durch Unwetterschäden freigewordene Stellen in Wäldern. Die Birke ist vor allem deshalb gerne zuerst da, weil ihre Samen recht weit fliegen können. Außerdem ist sie ziemlich anspruchslos bezüglich der Bodenverhältnisse. In ihrem Schatten wachsen dann andere Baumarten heran, die sie früher oder später verdrängen, weil die Birke sehr konkurrenzschwach ist. An und für sich ist die Birke ein extrem wertvoller Baum für die Artenvielfalt, ob nun in der Welt der Insekten oder auch der Pilze. Leider werden Birken vielerorts nicht geschätzt und als „Unkraut der Wälder" angesehen.

PILZHIGHLIGHTS

unter und an Birken

1. Birkenporling (Vitalpilz)
2. Birken-Milchling (giftig)
3. Birken-Rotkappe
4. Vielfarbiger Birkenpilz
5. Blasser Kokosflocken-Milchling (ungenießbar)
6. Grasgrüner Täubling
7. Geschmückter Gürtelfuß (ungenießbar)
8. Fliegenpilz (giftig/halluzinogen)
9. Vielfarbiger Täubling (ungenießbar)
10. Gewöhnlicher Birkenpilz
11. Austernseitling
12. Schiefer Schillerporling (Vitalpilz)

Rotbuche

Merkmale: graue, glatte Rinde, Blätter oval zugespitzt mit glattem Rand, die Früchte sind Bucheckern, man findet sie ganz oder aufgebrochen unter dem Baum

Die Rotbuche wäre hier in Mitteleuropa an den meisten Orten die häufigste Baumart. Durch menschliche Eingriffe ist das allerdings nicht immer der Fall. Von jung bis alt geht die Rotbuche gerne mit einer Vielzahl an Pilzen in Symbiose. Auch das Totholz ist ein wahrer Magnet der Artenvielfalt. Insgesamt ist die Rotbuche eine der besten Baumarten überhaupt, wenn es um die Artenvielfalt an Pilzen geht. Um und an Rotbuchen kann man Hunderte verschiedener Pilzarten finden, man könnte ein ganzes Pilzbuch ausschließlich mit der Pilzvielfalt bei Buchen füllen. Manche von ihnen sind Generalisten, die auch bei anderen Baumarten zu finden sind, andere hingegen Spezialisten.

PILZHIGHLIGHTS

unter und an Rotbuchen

1. Königs-Röhrling (schonenswert)
2. Fichten-Steinpilz
3. Echter Pfifferling
4. Samtiger Pfifferling
5. Schwärzender Pfifferling (schonenswert)
6. Herbsttrompete
7. Grauer Leistling (schonenswert)
8. Krause Kraterelle (schonenswert)
9. Blasser Pfifferling
10. Sommer-Trüffel
11. Frauen-Täubling
12. Grüngefelderter Täubling
13. Ockergelber Täubling
14. Schwefel-Ritterling (giftig)
15. Schleiereule (schonenswert)
16. Sommer-Steinpilz
17. Blauer Klumpfuß (ungenießbar)
18. Ästiger Stachelbart (schonenswert)
19. Austernseitling
20. Igel-Stachelbart (schonenswert)
21. Stockschwämmchen
22. Dorniger Stachelbart (schonenswert)

Eiche

Eigentlich gibt es ja nicht nur „die Eiche", sondern mehrere Arten. Hier in Mitteleuropa finden wir am häufigsten Stiel- und Traubeneichen. Da es bei den beiden große Überschneidungen in der Pilzwelt gibt, sprechen wir der Einfachheit halber mal nur von Eichen. Eichen gehören zu den wichtigsten Baumarten überhaupt, was Biodiversität angeht. Alleine die Anzahl an Insekten, die an und mit diesen Bäumen leben, sprengt die Vorstellungskraft. Vielerorts profitiert die Eiche von menschlichen Eingriffen, denn ohne diese würde sie sonst an vielen Orten von Rotbuchen verdrängt werden. Es gibt auch natürliche Eichen-Standorte, an denen keine Gefahr der Verdrängung besteht, aber eine Vielzahl der Eichen verdanken ihr Altwerden menschlicher Mithilfe und Gnade. Eine Eiche kann, wenn man es denn zulässt, gerne mal 1000 Jahre alt werden. Dabei helfen ihr viele symbiotische Pilze. Nicht selten werden Eichen aber auch von parasitären Pilzen befallen, die sie dann von innen aushöhlen. Das muss jedoch nichts Schlechtes bedeuten. Oft leben Eichen einfach ausgehöhlt weiter und zusätzlich ist ein neuer Lebensraum im Inneren der Eiche entstanden.

Merkmale: feste Blätter mit tief welligem Rand, ohne oder mit kurzem Stiel, die Eicheln sitzen in Hütchen mit langem Stiel, Äste oft unregelmäßig krumm

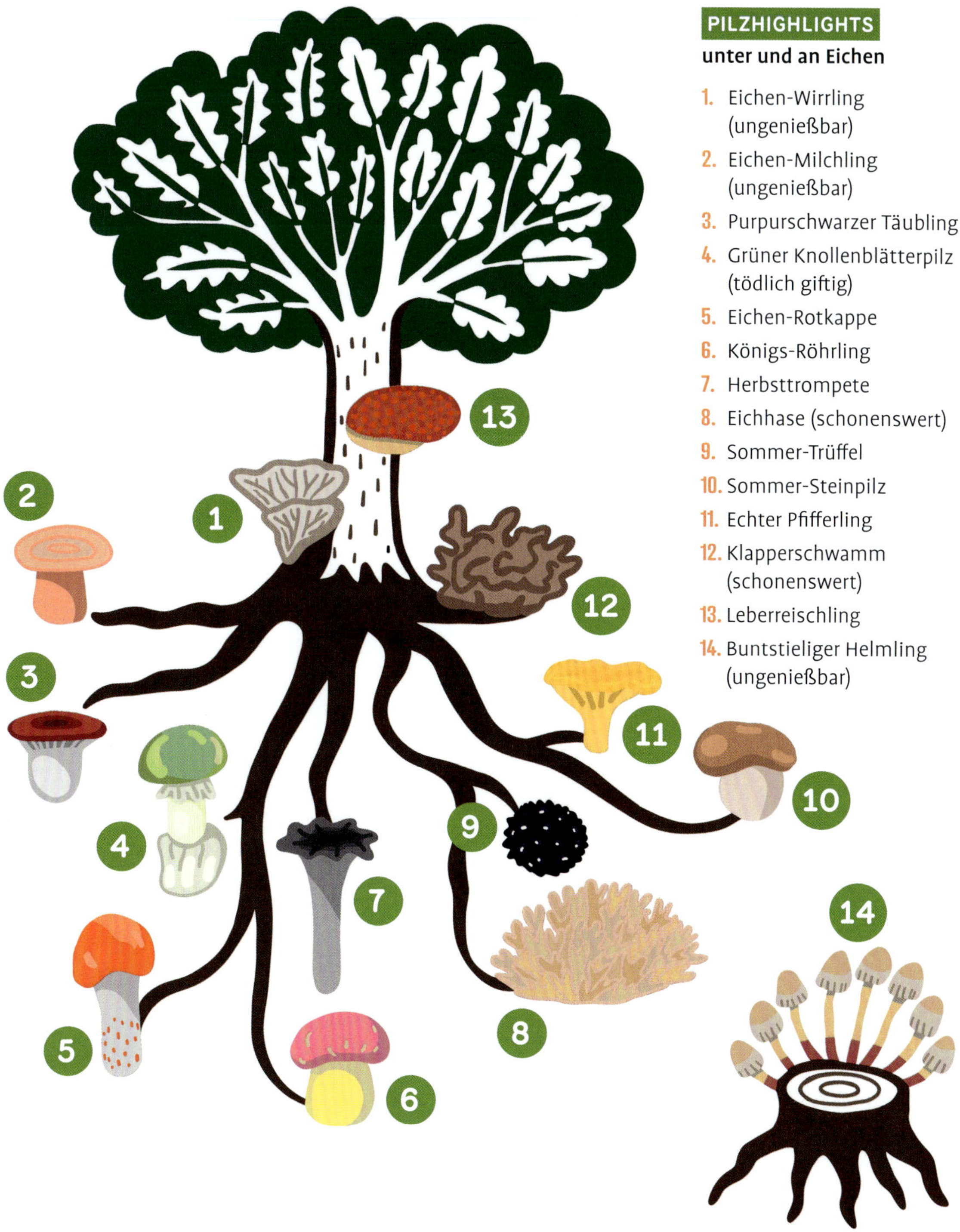

PILZHIGHLIGHTS

unter und an Eichen

1. Eichen-Wirrling (ungenießbar)
2. Eichen-Milchling (ungenießbar)
3. Purpurschwarzer Täubling
4. Grüner Knollenblätterpilz (tödlich giftig)
5. Eichen-Rotkappe
6. Königs-Röhrling
7. Herbsttrompete
8. Eichhase (schonenswert)
9. Sommer-Trüffel
10. Sommer-Steinpilz
11. Echter Pfifferling
12. Klapperschwamm (schonenswert)
13. Leberreischling
14. Buntstieliger Helmling (ungenießbar)

Pappel

In Mitteleuropa finden wir verschiedene Pappelarten, die häufigste im Wald ist dabei die Zitterpappel. Sie ist ganz ähnlich wie die Birke eine Pionierbaumart. Pappelsamen können ebenfalls weit fliegen und besiedeln, gerne auch mit Birken gemeinsam, als erste Bäume neue Standorte, ehe sie dann mit der Zeit langsam von konkurrierenden Baumarten verdrängt werden. Auch Zitterpappeln werden vielerorts noch immer aktiv aus Wäldern verbannt und haben einen Ruf als „Unkraut". Völlig zu Unrecht, denn sie sind nicht nur auf klimatische Extreme wie Dürren perfekt vorbereitet, sondern sind zugleich extrem wichtige Bäume für die Biodiversität. Alleine 130 Raupenarten kann man an diesem Baum finden. Auch in Sachen Pilze sind Zitterpappeln Bäume der Vielfalt.

Merkmale: Rinde am Stamm gräulich glänzend mit dunklen „Warzen", Blätter rundlich mit stumpf gezähntem Rand, der Blattstiel ist flach, sodass die Blätter bei Wind „zittern"

PILZHIGHLIGHTS

unter und an Pappeln

1. Espen-Rotkappe
2. Pappel-Ritterling (ungenießbar)
3. Pappel-Raufuß (schonenswert)
4. Austernseitling
5. Pappel-Schüppling (ungenießbar)
6. Spitz-Morchel
7. Böhmische Verpel (schonenswert)

Fichte

Merkmale: hoher Baum mit regelmäßigen Ästen (wie ein Tannenbaum), stechende Nadeln rings um die Zweige, die Zapfen hängen nach unten und fallen im Ganzen ab

Die Fichte ist eine Baumart, mit der sich eine große Anzahl an Pilzen vergesellschaftet. Besonders viele Arten findet man unter Fichten, die in ihrem natürlichen Lebensraum wachsen. Und der beginnt normalerweise erst bei etwa 700 Höhenmetern. Weil Fichten in den letzten Jahrzehnten oft in viel zu tiefen Lagen angepflanzt wurden und weil Dürren durch die Klimaerhitzung immer häufiger werden, sind diese Bäume gerade etwas auf dem Rückzug. In den höheren Lagen von (Mittel-)Gebirgen kann man sie aber nach wie vor finden und mit ihnen eine unglaublich vielfältige Pilzwelt!

PILZHIGHLIGHTS

unter und an Fichten

1. Fenchel-Porling (ungenießbar)
2. Anis-Zähling
3. Marzipan-Schneckling
4. Schwarzkopf-Milchling
5. Fichten-Reizker
6. Schaf-Porling (schonenswert)
7. Ziegelgelber Schleimkopf
8. Echter Knoblauchschwindling
9. Flockenstieliger Hexenröhrling
10. Zottiger Violett-Milchling (ungenießbar)
11. Starkriechender Pfifferling
12. Trompeten-Pfifferling
13. Fliegenpilz (giftig/halluzinogen)
14. Schweinsohr
15. Echter Pfifferling
16. Semmel-Stoppelpilz
17. Anis-Klumpfuß
18. Fichten-Steinpilz
19. Rotrandiger Baumschwamm (Vitalpilz)
20. Rauchblättriger Schwefelkopf

Kiefer

Merkmale: oft hoher Baum mit unregelmäßigen Ästen, Rinde unten grob längsfurchig und grauschwarz, oben rötlich braun, die Nadeln sind lang und leicht gedreht, stehen zu zweit zusammen

Mancherorts ist die Kiefer in Wäldern sehr häufig anzutreffen. Von Natur aus wäre sie jedoch wesentlich seltener, da sie sehr anfällig auf konkurrierende Baumarten wie Buchen und Eichen reagiert. Natürlicherweise wächst die Kiefer eigentlich nur auf sehr sandigen, trockenen und nährstoffarmen Böden, also Standorte, an denen diese beiden Laubbaumarten nicht mehr klarkommen. Die Kiefer ist auf alle Fälle sehr beliebt bei Pilzen. Unter ihr finden wir sowohl Generalisten wie Steinpilze als auch eine ganze Menge Spezialisten.

PILZHIGHLIGHTS

unter und an Kiefern

1. Kiefern-Braunporling (ungenießbar)
2. Maronen-Röhrling
3. Erbsenstreuling
4. Kiefern-Steinpilz
5. Sand-Röhrling
6. Butterpilz
7. Edel-Reizker
8. Kupferroter Gelbfuß
9. Kuh-Röhrling
10. Frost-Schneckling
11. Grünling (giftig)
12. Fichten-Steinpilz
13. Echter Pfifferling
14. Krause Glucke
15. Ohrlöffel-Stacheling (ungenießbar)
16. Gift-Lorchel (tödlich giftig)

Weißtanne

Die Weißtanne ist ein Baum mit einer rosigen Zukunft. Sie ist nämlich vergleichsweise trockenheitsresistent und könnte so mit dem Klimawandel besser klarkommen als viele andere Baumarten. Momentan findet man sie vor allen Dingen in den (Mittel-)Gebirgen Süddeutschlands, die auch ihr natürlicher Lebensraum sind. Dort lohnt sich ein Besuch bei diesem Baum mitunter sehr.

Merkmale: hoher Baum mit regelmäßigen Ästen, Nadeln seitlich abstehend und im Gegensatz zur Fichte nicht stechend, Zapfen stehen wie Kerzen nach oben, Samenschuppen fallen einzeln ab

PILZHIGHLIGHTS unter und an Weißtannen

1. Fichten-Steinpilz
2. Flockenstieliger Hexenröhrling
3. Nadelwald-Anhängselröhrling (schonenswert, in Deutschland geschützt)
4. Schönfuß-Röhrling (ungenießbar)
5. Hohlstieliger Tannen-Täubling (ungenießbar)
6. März-Schneckling (schonenswert, in Deutschland geschützt)
7. Terpentin-Schneckling
8. Lachs-Reizker
9. Breitblättrige Glucke
10. Tannen-Stachelbart (schonenswert)
11. Spitz-Morchel

Pilze zu jeder Jahreszeit finden

Nur im feuchten Herbst war gestern

Wann wachsen Pilze? Jederzeit! Nur nicht immer an den gleichen Orten. Ein Blick in den Jahresverlauf der Pilze ist mehr als lohnenswert, wenn der Korb nie wieder leer sein soll.

Wann ist eigentlich Pilzzeit? Immer!

Die Pilze selbst (in Form von Myzel) leben und wachsen auch dann, wenn sie keine Fruchtkörper haben. Auch wenn man keine Pilze sieht, ist man immer von Pilzen umzingelt – im Holz, im Boden, auf Blättern, überall. Aber auch Fruchtkörper gibt es ganzjährig. Allerdings sind das natürlich nicht ganzjährig die gleichen, denn viele Pilze haben eine fixe Saison, in der sie Fruchtkörper bilden. Prachtbecherlinge wachsen immer im Vorfrühling,

Maipilze immer im Frühling, Pfifferlinge immer im Sommer und Herbst und Samtfußrüblinge immer im Winter. Durch die ganzen unterschiedlichen Präferenzen und Saisonalitäten gibt es je nach Zeitpunkt immer bestimmte Lebensräume, in denen es gerade besonders viele oder besonders wenige Pilze zu sehen gibt. Um etwas Licht ins Dunkel zu bringen, starten wir nun eine Pilzreise durchs ganze Jahr, immer mit dem Fokus darauf, wann es wo unter welchen Bedingungen am meisten Pilze gibt.

Diese Reise soll nicht nur zeigen, welche Pilze zu welcher Zeit besonders häufig auftreten, sondern auch, wie eng ihr Erscheinen mit Witterung, Standort und Lebensgemeinschaften verknüpft ist. Denn Pilze folgen nicht stur dem Kalender – sie reagieren feinfühlig auf Feuchtigkeit, Temperatur und andere Umweltbedingungen. Wer versteht, wie diese Faktoren zusammenspielen, kann Pilze nicht nur besser finden, sondern auch tiefer in ihre faszinierende Welt eintauchen. Ob in feuchten Auwäldern im Frühling, in sommerlich warmen Laubwäldern, in nebligen Herbstwäldern oder auf Baumrinden mitten im Winter – zu jeder Zeit öffnet sich irgendwo ein kleines Fenster ins verborgene Reich der Pilze.

Samtfußrüblinge

NICHT VERGESSEN:

Pilze sind wie Träume. Sie machen manchmal unvorhergesehen, was sie wollen, und halten sich schon gar nicht an Bücher oder Kalender.

Februar

Das frühe Pilzjahr findet primär in tiefen Lagen an feuchten Orten statt. Denn Gewässer wie Seen oder Flüsse können im Biotop für ein milderes Mikroklima sorgen, welches Pilzwachstum begünstigt. Netter Nebeneffekt: An diesen Standorten wachsen auch die ersten essbaren Wildkräuter, wie zum Beispiel Bärlauch, Scharbockskraut und Giersch. Die ersten Pilze des Jahres sind für gewöhnlich die knallroten Prachtbecherlinge. In basischen Auwäldern und Schluchtwäldern lassen sie sich bereits ab Februar finden und treten in etwa mit dem Beginn der Haselblüte in Erscheinung, die ja auch die phänologische Jahreszeit Vorfrühling einleitet. Sie gehören zu den schönsten Pilzen überhaupt und erfreuen das von winterlicher Grauheit deprimierte Auge. Sie sind zwar essbar, aber schonenswert. Eigentlich gibt es drei verschiedene Arten von Prachtbecherlingen, die sich jedoch fast nur mikroskopisch auseinanderhalten lassen. Ihre intensive rote Farbe haben sie vermutlich, damit sie das bisschen Sonnenlicht, was es um diese Jahreszeit gibt, möglichst gut nutzen können. Höhere Lagen haben in dieser Zeit noch Pilzpause.

DIE BESTEN

Lebensräume im Februar

→ Nähe zu Gewässern
→ basischer Boden
→ Laubbäume
→ wenig Höhenmeter

Frühling

In Zeiten des Klimawandels wird es immer seltener, das sagenumwobene „Aprilwetter". Gerade schien noch die Sonne, schon regnet es. Gestern waren es schon über 20 °C, heute fühlt es sich fast wieder wie Winter an. Morcheln lieben das! Und genau darum findet man diese begehrten Pilze vor allem in den Jahren, in denen der Frühling möglichst viel Aprilwetter zu bieten hat. In Jahren, in denen der Winter gefühlt nahtlos in den Sommer übergeht, machen sich die Frühlingspilze wesentlich rarer, weil ihnen Trockenheit und Hitze nicht behagen.

März

Im März ändert sich die Situation dann. Der Frühling klettert so langsam in immer höhere Lagen. Mit dem Beginnen der Schneeschmelze sprießen in den Fichten- und Weißtannenwäldern der (Mittel-)Gebirge nun die ersten Fichten-Zapfenrüblinge, März-Schnecklinge (schonenswert!) und Spitz-Morcheln, die beiden Letzteren insbesondere auf basischen Böden. Fichten-Zapfenrüblinge sind zwar mit die kleinsten Speisepilze überhaupt, aber dennoch sehr delikat. März-Schnecklinge sind extrem selten, wer die findet, hat so etwas wie den Sechser im Pilzlotto. Spitz-Morcheln gehören zu den besten Speisepilzen überhaupt, aber die Suche nach ihnen ist sehr herausfordernd.

Doch auch in tiefer gelegenen Habitaten tut sich was: Gegen Ende März lassen sich in basischen Auwäldern und auf Streuobstwiesen bereits die ersten Morchel-Becherlinge und Speise-Morcheln finden – hervorragende Speisepilze, aber ähnlich wie Spitz-Morcheln nicht leicht zu finden. Morchelsuche und Verzweiflung gehören einfach zusammen!

Insgesamt ist der März, was Pilze angeht, ein ziemlich unvorhersehbarer Monat. In manchen Jahren wachsen die ersten Spitz-Morcheln schon Anfang März, in anderen Jahren erst Ende März. In diesem Monat hängt alles sehr davon ab, wie lange der Winter sich gehalten hat und wie schnell der Frühling gekommen ist.

DIE BESTEN

Lebensräume im März

- → basischer Boden, Nadelbäume (Fichte und Weißtanne), ca. 300–900 Höhenmeter
- → basischer Boden, Auwald oder Streuobstwiese

April

Der April ist die Morchelzeit schlechthin. In Auwäldern und auf Streuobstwiesen geht die Post ab: Speise-Morcheln, Käppchen-Morcheln und Morchel-Becherlinge lassen sich in diesen Habitaten mitunter zahlreich finden. Zu ihnen gesellen sich manchmal noch mit etwas Glück die selteneren Verpeln, insbesondere unter Pappeln und in Weißdornsträuchern. Verpeln sind ebenfalls essbar, wegen ihrer Seltenheit aber schonenswert.

DIE BESTEN

Lebensräume im April

- → basischer Boden, Nadelbäume (Fichte und Weißtanne), ca. 300–1200 Höhenmeter
- → basischer Boden, Auwald oder Streuobstwiese

Auf dem Totholz von Laubbäumen wachsen nun, insbesondere an feuchten Standorten, Schuppige Porlinge mit ihrem interessanten Duft nach Mehl, Melone und Gurke. Meistens entdeckt man diese Pilze nebenbei bei der Morchelsuche, weil sie die gleichen Habitate mögen. In höheren Lagen gibt es nach wie vor Spitz-Morcheln, mit fortschreitender Zeit allerdings auf immer mehr Höhenmetern.

Allgemein ist der April ziemlich pilzreich. Speisepilze findet man zu dieser Jahreszeit allerdings eher auf basischen Böden. Auf sauren Böden gibt es im April zwar durchaus auch Pilze, aber die meisten von ihnen sind nicht essbar, wie zum Beispiel die tödlich giftige Gift-Lorchel.

Mai

Der Mai ist insbesondere für die Maipilze bekannt. Diese findet man durchaus in ähnlichen Habitaten wie die Speise-Morcheln. Allerdings sind Maipilze etwas häufiger und flexibler. Sie mögen basischen Boden und wachsen unter verschiedensten Laubbäumen, Nadelbäumen, aber auch in Hecken und auf Wiesen. Wichtigste Voraussetzung für sie ist ein neutraler bis basischer Boden. Eigentlich ist der Maipilz eine sehr häufige Pilzart, doch dadurch, dass er bei der Standortwahl so flexibel ist, kann sich die Suche recht schwierig gestalten – eben weil es so viele potenzielle Orte zur Wahl gibt. Kleiner Tipp: Unsere liebsten Stellen befinden sich unter Weiden und in Weißdornbüschen.

In feuchten Lebensräumen findet man nun auch die ersten Schwefelporlinge („Chicken of the Woods") an Weiden. Wenn man Glück hat, findet man also beide Pilzarten auf einmal. Nach wie vor sind vor allem die basischen Gegenden lohnenswert bei der Pilzsuche. Gerade was Speisepilze angeht, ist der Mai etwas pilzärmer als der April. Wenn die Maipilze Anfang Mai durch sind, ist im Großen und Ganzen erstmal Pilzpause, bis auf ein paar holzbewohnende Porlinge wie den Schwefelporling.

DIE BESTEN

Lebensräume im Mai

- → basischer Boden
- → Laubwälder und Wiesen

Im Frühling, wenn der Bärlauch sprießt,
zeigen sich auch schon die ersten Pilze
wie der Schwefelporling.

Sommer

Der perfekte Pilzsommer ist entweder verregnet und kühl oder zumindest ständig schwül und es gibt alle paar Tage Gewitter. Denn in dieser heißen Jahreszeit ist Feuchtigkeit alles, was zählt. Die Pilze sind an und für sich bereit zum Sprießen, sie warten nur auf ausreichende Duschen. Der Juni ist klassischerweise noch etwas zaghaft. Klar, die ersten Pfifferlinge, Sommer-Steinpilze und Frauen-Täublinge trauen sich. Aber so richtig Eskalationspotenzial besteht dann im Juli und August. Vorausgesetzt, der Sommer wird herrlich grau.

Juni

Die Vielfalt der Pilzarten nimmt zu! Auf basischen Böden der tieferen Lagen starten jetzt die Sommer-Steinpilze unter Eichen und Buchen durch. Gegen Ende des Monats wachsen in den gleichen Habitaten mit viel Glück auch Eichhasen.

Parallel dazu regt sich auch (endlich!) etwas auf den sauren Böden, sowohl in tiefen als auch in höheren Lagen: Die ersten Pfifferlinge und Flockenstieligen Hexenröhrlinge erblicken das Tageslicht. Während die Hexen durchaus schon Anfang Juni in Erscheinung treten (manchmal sogar bereits im April), brauchen die Pfifferlinge etwas länger und ihre Hauptsaison beginnt Mitte/Ende Juni. Praktischerweise mögen beide Pilzarten ähnliche Habitate (sauer, nährstoffarm).

Auch der Allrounder Perlpilz lässt sich ab sofort sehen. Der wächst fast überall: egal ob Nadel- oder Laubwald, egal ob sauer oder basisch.

Spätestens ab Juni ist das Wetter aber auch gerne mal zu trocken für Pilze. Darum gilt es insbesondere jetzt und in den folgenden Sommermonaten, immer die Regenkarten im Auge zu behalten. Alle diese Pilze sind Mykorrhiza-Pilze, darum sollte der Boden idealerweise immer nährstoffarm sein.

Auf Rotbuchenholz fruktifizieren nun auch Lungenseitlinge, gerne mal in Massen. Sie sind der Jokerpilz in trockenen Zeiten. Denn während bei einer Dürre Steini, Pfiffi und Co. nicht zu finden sind, wachsen sie als Totholzzersetzer unabhängiger von Regen.

DIE BESTEN

Lebensräume im Juni

- → basischer Boden, nährstoffarmer Boden, Laubwald, tiefere Lagen, genügend Regen
- → saurer Boden, nährstoffarmer Boden, Nadel- und Laubwald, genügend Regen

Juli

Der Juli ähnelt, was die Arten und optimalen Lebensräume angeht, dem Juni. Zu wenig Niederschläge sind um diese Zeit zumeist der limitierende Faktor. Regenkarten können gerne religiös studiert werden, um möglichst viel zu finden. Denn Pfifferlinge und Sommer-Steinpilze haben nun absolute Hochsaison! Es gibt Jahre, da findet man im Sommer mehr essbare Pilze als im Herbst. Möglicherweise auch deshalb, weil weniger Konkurrenz unterwegs ist.

Die ersten Sommer-Steinpilze des Jahres sind immer ein Grund zur Freude.

DIE BESTEN

Lebensräume im Juli

- basischer Boden, nährstoffarmer Boden, Nadel- und Laubwald, genügend Regen
- saurer Boden, nährstoffarmer Boden, Nadel- und Laubwald, genügend Regen

Im Laufe des Monats kann man bei geeigneten Bedingungen mit immer mehr Arten rechnen. Insbesondere bei den Täublingen tut sich jetzt was, denn die meisten von ihnen sind klassische Sommerpilze. Essbare Highlights unter ihnen sind der Frauen-Täubling und der Grüngefelderte Täubling. Beide wachsen besonders gerne unter Laubbäumen, es ist aber kein Muss.

Der allgemeine Zuwachs an immer mehr Arten bedeutet natürlich auch, dass immer mehr nicht essbare Arten wachsen. Auch tödliche Pilze wie der Grüne Knollenblätterpilz oder der Spitzgebuckelte Raukopf lassen sich im Juli bereits finden.

Insgesamt kann man, ausreichend Regen vorausgesetzt, ab sofort in allen Höhenlagen und pH-Bereichen Pilzen begegnen.

August

DIE BESTEN

Lebensräume im August

- basischer Boden, nährstoffarmer Boden, Nadel- und Laubwald, genügend Regen
- saurer Boden, nährstoffarmer Boden, Nadel- und Laubwald, genügend Regen

Die Sommerwelle der Pilze erreicht jetzt ihren Höhepunkt. Mit etwas Glück zeigen sich auch einige (mitunter schonenswerte) Seltenheiten. Zu ihnen gehören Schweinsohren, Brätlinge und Bronze-Röhrlinge. An sehr wärmebegünstigten Standorten findet man nun sogar die im deutschsprachigen Raum extrem seltenen und in Deutschland geschützten Kaiserlinge. Natürlich gibt es nicht nur Seltenheiten. Pfifferlinge wachsen nach wie vor, auch die Semmel-Stoppelpilze findet man immer häufiger.

In den höheren Lagen der (Mittel-)Gebirge wird es in Sachen Pilzvielfalt so langsam herbstlich. Dort sprießen bereits die ersten Fichten-Steinpilze und Maronen-Röhrlinge, aber auch Trompeten-Pfifferlinge oder Starkriechende Pfifferlinge.

Allgemein ist der August, genügend Regen vorausgesetzt, einer der vielfältigsten Pilzmonate überhaupt – besonders dann, wenn man in unterschiedlichen Höhenlagen unterwegs ist, weil man den Sammelkorb mal sommerlich, mal herbstlich füllen kann. Außerdem ist es der letzte Monat ohne Konkurrenz durch andere Pilzsammler.

Herbst

Eigentlich sind der September und Oktober durchgehend perfekt für Pilze. Irgendwas findet man zu dieser Zeit immer. Es sei denn, man hat es mit einem Dürreherbst zu tun. Aber drücken wir mal die Daumen, dass es so was nie wieder geben wird!

September

Der Pilzherbst beginnt! Zumindest, wenn es ausreichend geregnet hat. Im September gibt es fast überall Pilze, egal ob in tiefen oder in hohen Lagen, egal ob auf sauren oder basischen Böden, egal ob Laub- oder Nadelbäume. Wichtig sind nährstoffarme Böden. Die Sommerpilze wie Sommer-Steinpilz oder Brätling werden im September etwas rarer, dafür kommen jetzt immer mehr Herbstklassiker wie Fichten-Steinpilz oder Trompeten-Pfifferling. Der September ist außerdem der klassische Gluckenmonat. Unter Kiefern lassen sich häufiger mal Krause Glucken finden.

„Ach ja, es gibt ja Pilze!" – diese Info sickert so langsam durch die Nachbarschaften. Dadurch ist ab sofort wieder mit vermehrtem Aufkommen von anderen Pilzsuchenden zu rechnen. Gut beraten ist man, wenn man Arten kennt und sammelt, die sonst nicht so bekannt sind. Beispiele: Stockschwämmchen, Mehlräsling, Violetter Lacktrichterling, Büscheliger Rasling, Reizker, Kuhmaul, Kupferroter Gelbfuß und viele mehr. Dann ist es auch relativ egal, zu welcher Uhrzeit man losgeht.

DIE BESTEN

Lebensräume im September

→ Pilze gibt's jetzt fast überall, wichtig sind vor allem genügend Regen und nährstoffarme Böden.

Oktober

Im Oktober ist es im Normalfall feucht genug für Pilze. Ganz ähnlich wie im September gibt es sie immer noch so gut wie überall. Nur die Höhenmeter können jetzt ein limitierender Faktor sein, in den ganz hohen Lagen gibt es mitunter schon die ersten Fröste und damit das Ende der Pilzsaison.

Aber ansonsten gilt: Pilz-Eskalation überall! Insbesondere die Spätherbstpilze wie Schleierlinge, Ritterlinge und Schnecklinge zeigen sich jetzt. Unter ihnen gibt es viele Arten, die nicht essbar sind, aber durchaus auch kulinarische Highlights wie den Ziegelgelben Schleimkopf, den Schwarzfaserigen Ritterling oder den Frost-Schneckling.

Besonders häufig ist im Oktober auch der Violette Rötelritterling. Viele lassen ihn stehen, weil sie ihn nicht kennen. Dabei ist er einer der Besten!

Auch nährstoffarme Wiesen und Weiden können im Oktober spannend sein, denn von Spitzkegeligem Kahlkopf (psychoaktiv) über seltene Ellerlinge (geschützt) bis hin zu kunterbunten Saftlingen (geschützt) ist jetzt selbst an diesen offenen Standorten richtig was los. Nährstoffarmut ist aber absolut wichtig, auf Fettwiesen ist die Artenvielfalt nur sehr klein oder gar nicht vorhanden.

DIE BESTEN

Lebensräume im Oktober

→ Wie im September kann man fast überall Pilze finden, nur in hohen Lagen endet die Saison bereits.

November

Spätestens im November kommen üblicherweise die ersten Nachtfröste. Da diese nicht nur das Pilzwachstum beenden, sondern bereits wachsenden Pilzen Schaden zufügen (Lebensmittelvergiftung möglich! Seite 50), sollte man besonders im November die Nachtfröste im Blick behalten. Und danach nur noch Winterpilze (Austernseitling, Samtfußrübling, Judasohr) sammeln. An eher tief gelegenen wärmebegünstigten Standorten kann es mit etwas Glück aber noch dauern, bis die Temperaturen unter 0 °C fallen. Dort erstreckt sich die Pilzsaison gerne noch bis tief in den November hinein und es wachsen einige Spätherbstpilze. Gerade die Trompeten-Pfifferlinge lassen sich noch lange finden, weil sie sehr ausdauernd wachsen können.

DIE BESTEN

Lebensräume im November

→ Laub- und Nadelwälder in tiefen wärmebegünstigten Lagen, Temperaturkarten im Auge behalten (nach Nachtfrösten keine Herbstpilze mehr sammeln)

Der Herbst ist die Pilzzeit schlechthin, Schönheiten wie der Specht-Tintling (ungenießbar) kommen zum Vorschein.

Winter

Ab den ersten Frösten wird es ruhiger bei den Pilzen. Zum Glück gibt es die Winterpilze. Die haben ihren Schwerpunkt vor allem in der ersten Winterhälfte, insbesondere im Dezember. Januar und Februar sind, was Pilze angeht, eine ruhige Zeit. Klar, wer will, findet auch dann Pilze. Aber man kann ja auch kurz mal Kraft tanken für die Morchelzeit im Frühling.

Dezember

Die Zeit der Winterpilze ist gekommen. Unter ihnen gibt es nicht essbare Arten wie Winter-Helmlinge, aber auch die drei essbaren Arten: Austernseitling, Samtfußrübling und Judasohr. Alle drei Arten sind auf das Totholz von Laubbäumen angewiesen. Darum sucht man jetzt am besten mit Satellitenfotos alte Laubwälder, weil dort die Wahrscheinlichkeit für Totholz am höchsten ist. Besonders geeignet sind auch Laubwälder in der Nähe von Flüssen und Bächen. Die Winterpilze wachsen bei Temperaturen knapp über dem Gefrierpunkt. Bei unter 0 °C frieren sie ein und hören auf zu wachsen. Wenn sie wieder auftauen, können sie weiterwachsen (müssen sie aber nicht). Das Besondere bei Winterpilzen: Im Gegensatz zu anderen Pilzen kann man sie auch dann noch essen, wenn sie bereits eingefroren waren und wieder aufgetaut sind (vorausgesetzt, sie sehen noch gut aus und riechen normal).

Austernseitlinge wachsen am liebsten auf Buchenholz, Samtfußrüblinge mögen Auwaldbäume wie Weide und Esche und das Judasohr wächst am häufigsten auf Holunder.

DIE BESTEN

Lebensräume im Dezember

→ alte Laubwälder mit Totholz in tiefen Lagen, gerne in der Nähe von Gewässern

Januar

Der Januar entspricht, was Pilze angeht, dem Dezember. Austernseitlinge, Samtfußrüblinge und Judasohren sind nach wie vor die Pilzhighlights. Richtung Ende Januar werden jedoch auch diese Winterpilze immer seltener, ihren Zenit haben sie Ende Dezember bis Anfang Januar. Allgemein ist der Januar wohl der pilzärmste Monat im Jahr. Natürlich kann man auch im Januar allerlei langsam wachsende Ganzjahrespilze finden, wie zum Beispiel Zunderschwamm, Rotrandiger Baumschwamm oder auch die Schmetterlings-Tramete. Diese sind allerdings ungenießbar, eignen sich jedoch als Vitalpilze.

DIE BESTEN

Lebensräume im Januar

→ alte Laubwälder mit Totholz in tiefen Lagen, gerne in der Nähe von Gewässern

Eine Auswahl an essbaren Pilzen im Jahreslauf (mehr ab Seite 128)

Auftreten im Jahresverlauf	Pilzart	Temperaturvorliebe	Standorttreue
Ende März bis Anfang Mai	Speise-Morchel	milde Frühlings-temperaturen, frostfrei	standorttreu
April bis November	Schwefelporling	kühl bis warm	wenige Jahre standorttreu
Mitte April bis Ende Mai	Maipilz	milde Frühlingstem-peraturen, frostfrei	standorttreu
Mai bis September	Sommer-Steinpilz	warm	standorttreu
Juni bis November	Echter Pfifferling	kühl bis warm	standorttreu
Juni bis November	Fichten-Steinpilz	kühl bis mild	standorttreu
Juli bis November	Kleiner Wald-Champignon	kühl bis mild	wenige Jahre bis gar nicht standorttreu
Juli bis November	Parasol	kühl bis mild	wenige Jahre bis gar nicht standorttreu
Juli bis November	Trompeten-Pfifferling	kühl bis mild	standorttreu
September bis November und April	Violetter Rötelritterling	kühl bis mild	wenige Jahre bis gar nicht standorttreu
November bis März	Austernseitling	kalt	wenige Jahre standorttreu
November bis März	Samtfußrübling	kalt	wenige Jahre standorttreu

Zeit für den Masterplan

Ganz bestimmte Pilzart gesucht

Jetzt wenden wir unser Wissen an. Wir beginnen mit einem ausführlichen Plan, Morcheln zu finden, und übertragen das Prinzip dann auf andere Pilzarten. Und welchen Plan kreierst du?

Speise-Morcheln

Sie verkörpern Schönheit und feinsten Geschmack, aber auch Tränen der Verzweiflung und blutige Hacken: Speise-Morcheln. Ganz ehrlich, der Geschmack dieser Pilze ist zum Niederknien: Pures Umami, absolut würzig! Aber sie zu finden, ist unfassbar schwierig. Jetzt wollen wir uns dieser Herausforderung stellen und das in den letzten Kapiteln Besprochene anwenden.

KOMFORTZONE

Boden: basisch

Lebensraum: Auwald oder Streuobstwiese (Beachten: Viele Auwälder sind geschützt, auf Streuobstwiesen werden oft Pestizide versprüht!)

Bäume: hauptsächlich Eschen und Apfelbäume

Zeigerpflanzen: Gelbes Windröschen, Leberblümchen

Wetter: „Aprilwetter" ist ideal, ausreichende Niederschläge sind wichtig.

Jahreszeit & Temperatur: Frühling, frostfreie Temperaturen

MASTERPLAN

Basische Böden

1. Als erstes schränken wir unser Suchgebiet grob ein, indem wir nach basischen Böden suchen. Am einfachsten geht das mit einer Karte, der man die pH-Werte des Bodens entnehmen kann. Etwas herausfordernder ist die Nutzung von geologischen Karten, auf denen man beispielsweise nach Kalkböden suchen kann (Seite 10). Nach dem Studium unseres Kartenwerks sollten wir einen guten Überblick über die basischen Böden unserer Region haben. So können wir uns bei der weiteren Suche nur noch auf diese fokussieren und die Gebiete mit sauren Böden außer Acht lassen.

2. Nun müssen wir uns entscheiden, ob wir lieber im Auwald oder auf der Streuobstwiese nach Morcheln suchen wollen. Für beides hilft uns ein Blick aus dem All (Seite 24).

Auwälder
Streuobstwiesen

Um Auwälder zu finden, suchen wir auf Satellitenfotos nach Wäldern, die unmittelbar an Flüsse und Bäche angrenzen.

Streuobstwiesen sind Wiesen, auf denen von oben betrachtet wenige Bäume stehen, die zumeist ordentlich in Linien angeordnet sind (Seite 27).

3. Die Esche ist einer der liebsten Bäume der Speise-Morchel. Leider kann man diese Baumart anhand von Satellitenfotos nicht wirklich bestimmen. Auwälder mit Laubbäumen hingegen schon. Ob dort dann auch wirklich Eschen wachsen, findet man nur zu Fuß heraus.

Eschen
Apfelbäume

Auch Apfelbäume kann man nicht mit Satellitenfotos bestimmen. Das ist aber nicht so schlimm, weil wir immerhin die Streuobstwiesen ganz gut erkennen können. Mit etwas Glück gibt es bei Street View oder ähnlichen Diensten Fotos der Streuobstwiesen, die von umliegenden Straßen entstanden sind. Damit können wir dann die Apfelbäume sicher bestimmen.

4. Mit Kartierungsdiensten (Seite 32) können wir nun noch nach den klassischen Zeigerpflanzen suchen. Dort wo sie wachsen, ist die Chance auf Morcheln etwas höher.

Blütezeit Apfelbäume und Löwenzahn

Das Ergebnis unseres Masterplans sollte eine Auswahl an Auwäldern und Streuobstwiesen sein. Natürlich hat man niemals nicht keine Garantie für Morcheln, aber eine gute Vorbereitung erhöht die Chancen bei der Suche. Je nachdem, wie motiviert man ist, kann so eine Liste mit potenziellen Morchelstandorten auch mal ganz schön lang werden. Unsere ist bereits so lang, dass wir schon seit mehreren Jahren daran arbeiten, die potenziellen Morchelstellen abzusuchen. Fertig sind wir noch lange nicht. Erfreulicherweise ist bei uns etwa jede zehnte Stelle ein Treffer.

Als Faustregel kann man ungefähr dann Speise-Morcheln finden, wenn Apfelbäume und Löwenzahn beginnen zu blühen. Da im Frühling die Böden vom Winter meist noch gut mit Feuchtigkeit versorgt sind, spielt Regen zu diesem Zeitpunkt eine nicht ganz so wichtige Rolle wie später im Jahr. Komplette Dürre ist allerdings schon schädlich, wenigstens ein wenig sollte es geregnet haben.

Ganz wichtig bei den Speise-Morcheln: Sie wachsen nur über einen Zeitraum von zwei bis drei Wochen. Der Zeitraum beginnt meistens Ende März/Anfang April und endet spätestens Anfang Mai. Die Zeit, sich diesem Wahnsinn hinzugeben, ist also begrenzt.

Maipilze

Ende März bis Mitte Mai haben die Maipilze ihren kurzen, aber intensiven Auftritt. Ganz junge Exemplare sind sehr fein, ältere hingegen oft vermadet. Richtiges Timing ist essenziell. Da Maipilze meist in großen Hexenringen wachsen, können sie manchmal richtige Massenbestände bilden. Und dann ist da noch die Sache mit dem Standort: Irgendwie wachsen Maipilze überall und nirgends.

KOMFORTZONE

Boden: neutral bis basisch, einziger limitierender Faktor: mögen keine sauren Böden

Lebensraum: neutrale bis basische Wiesen, Hecken und Wälder; sehr flexible Pilzart

Bäume: Maipilze sind Folgezersetzer und wachsen nicht in Symbiose, theoretisch unter jeder Baumart zu finden, es müssen nicht mal Bäume da sein

Zeigerpflanzen: Aufgrund der Breite an Lebensräumen gibt es für diese Pilzart keine klassischen Zeigerpflanzen.

Wetter: Maipilze, die auf Wiesen wachsen, brauchen recht viel Regen, da Wiesen durch die Lichtexposition oft schneller austrocknen; Maipilze in Gebüschen und Wäldern erscheinen durchaus auch in trockeneren Frühjahren.

Jahreszeit & Temperatur: Ende April und Anfang Mai, je nachdem wie der Frühling bisher klimatisch verlief, kann sich das Erscheinen auch um ein bis zwei Wochen nach hinten oder vorne verschieben, aber meistens sind diese Pilze sehr pünktlich; kühle bis milde Temperaturen, frostfrei

MASTERPLAN

1. Da Maipilze auf neutralen bis basischen Böden wachsen, sucht man sich diese am besten zunächst einmal mit Bodenkarten heraus.

Neutrale bis basische Böden

2. Maipilze erscheinen sowohl in Wäldern als auch in Gebüschen und Hecken, aber auch auf Wiesen. Theoretisch muss man also gar nicht so viel digital suchen, sondern eher direkt draußen. Allerdings gibt es einen Trick, mit dem man Maipilze, die auf Wiesen wachsen, finden kann. Dazu sucht man mit Satellitenfotos nach grünen Ringen auf Wiesen. Maipilze wachsen gerne in Hexenringen. Dieser Ring hat außen oft grüneres, saftigeres Gras, weil es durch den Maipilz besser mit Nährstoffen versorgt ist. Im Inneren des Ringes kann das Pilzmyzel die Pflanzen wiederum am Wachstum hindern. Dadurch entstehen saftig grüne Ringe auf den Wiesen. Dieser Trick kann tatsächlich funktionieren. Es gibt aber auch zwei Beschränkungen: Einerseits können auch andere Pilzarten wie Champignons, Nelken-Schwindlinge oder Saftlinge solche Ringe machen, andererseits muss das Satellitenfoto zu einem Zeitpunkt aufgenommen worden sein, wo der Ring sichtbar war. Es gibt also mehr Maipilze, als es Hexenringe auf Satellitenfotos gibt.

Wiesen
Hecken
Wälder

Keine klassischen Zeigerpflanzen

Schwefelporlinge

Wegen ihrer an Hühnchenfleisch erinnernden Konsistenz werden diese Pilze auch „Chicken of the Woods" genannt. Sie wachsen über viele Monate hinweg. Da sie Parasiten sind, die Bäume zersetzen, wachsen sie praktischerweise unabhängig von Niederschlägen. Ihre benötigte Feuchtigkeit können sie einfach aus dem Baum ziehen, den sie schwächen. Insgesamt ein sehr lohnenswerter Pilz, manchmal findet man mehrere Kilo auf einmal. Zu beachten ist allerdings, dass Schwefelporlinge roh giftig sind und außerdem vorsichtshalber nicht von giftigen Baumarten gesammelt werden sollten, auch wenn das Aufnehmen von Giftstoffen bislang noch nicht nachgewiesen wurde.

Ganz wichtig bei den Schwefelporlingen: An giftigen Bäumen wie Eibe und Goldregen sollte man sie vorsichtshalber nicht sammeln. Ob man sie von giftigen Robinien sammeln kann, ist umstritten, wir persönlich tun es nicht.

KOMFORTZONE

Boden: nicht relevant, weil sie auf (Tot-)Holz wachsen

Lebensraum: Auwälder, Streuobstwiesen, Laubwälder

Bäume: am liebsten Weide, Apfel, Kirsche und Eiche, aber auch andere Laubbäume

Zeigerpflanzen: nicht relevant, weil sie auf (Tot-)Holz wachsen

Wetter: Weil diese parasitären Pilze ihre benötigte Feuchtigkeit aus den Bäumen ziehen, ist Regen nicht so relevant wie bei anderen Pilzen.

Jahreszeit & Temperatur: Frühling bis Herbst, von kühl bis warm geht alles

MASTERPLAN

1. Da der Schwefelporling diverse Laubbäume befällt, könnte man von Frühling bis Herbst einfach wahllos in Laubwälder gehen und suchen. Überragend erfolgreich wird man dabei allerdings nicht sein, denn dieser Pilz hat, was seine Fruchtkörper angeht, bestimmte Zyklen. Die ersten Schwefelporlinge im Jahr, insbesondere im April und Mai, findet man vor allem an Weiden. Da Weiden gerne in Gewässernähe wachsen, sollte man zu dieser Zeit entsprechende Wälder raussuchen. In Richtung (Spät-) Sommer erscheinen die Schwefelporlinge vor allem auf Obstbäumen, nun empfiehlt sich die Suche nach Streuobstwiesen. Im Herbst lassen sich dann noch Schwefelporlinge auf Eiche finden.

(Tot-)Holz

Auwälder
Streuobstwiesen
Laubwälder

Weiden
Apfelbäume
Kirschbäume

2. Der Geschmack und die Genießbarkeit variieren bei diesem Pilz, je nachdem, auf welchem Substrat er gewachsen ist. Unserer Erfahrung nach sind Schwefelporlinge von Weide sowie Apfel und Kirsche erstklassige Speisepilze. Auf Eiche gewachsene Schwefelporlinge hingegen konnten uns nicht überzeugen, weil sie die Gerbsäure aus der Eiche aufnehmen, was den Geschmack beeinträchtigt und im schlimmsten Fall Verdauungsbeschwerden auslösen kann.

Echte Pfifferlinge

Woran erkennt man einen guten Sommer? Daran, dass er Pfifferlinge liefert, selbstverständlich! Die Morchelsuche im Frühling ist zugegebenermaßen nur etwas für Menschen mit einer gewissen Frustrationstoleranz. Die Pfifferlingssuche eignet sich hingegen auch für diejenigen mit einer etwas kürzeren Zündschnur (kürzer, nicht kurz!).

KOMFORTZONE

Boden: sauer, nährstoffarm

Lebensraum: Laub- und Nadelwälder, im sauren Bergland besonders häufig

Bäume: Nadel- und Laubbäume, am liebsten junge Fichten

Zeigerpflanzen: Heidelbeere, Weißmoos, Drahtschmiele

Wetter: Regen; während einer lang anhaltenden Dürreperiode wird die Pfifferlingssuche schwierig, denn dann wachsen sie nicht

Jahreszeit & Temperatur: Frühsommer bis Spätherbst, von kühl bis warm halten sie vieles aus

Übrigens: Wer Steinpilze finden möchte, schaut am besten da, wo auch Pfifferlinge wachsen. Beide Pilze haben sehr ähnliche ökologische Ansprüche. Darum ist der Masterplan Steinpilze ziemlich der gleiche wie der Masterplan Pfifferlinge.

MASTERPLAN

1. Im Sommer empfiehlt es sich, immer den Überblick über die Niederschläge zu behalten. Darum schauen wir zunächst auf Niederschlagssummenkarten, wo es in letzter Zeit geregnet hat. Pfifferlinge wachsen sehr langsam. Aus diesem Grund bevorzugen sie regelmäßige Niederschläge. Wenn es nur einmal geregnet hat, kann es sein, dass Fruchtkörper zwar mit ihrem Wachstum beginnen, dann aber wieder vertrocknen, wenn kein Regen nachkommt.

2. Pfifferlinge haben eine klare Präferenz für saure Böden. Diese suchen wir mit Karten über den Boden-pH oder alternativ mit geologischen Karten. Im zweiteren Fall sollte man nun nach sauren Gesteinen wie beispielsweise Granit suchen.

Saure, nährstoffarme Böden

3. Pfifferlinge sind ja an und für sich Allrounder, was ihre Mykorrhiza-Partnerin aus der Baumwelt betrifft. Die besten Chancen fündig zu werden, bestehen jedoch unter jungen Fichten. Darum suchen wir mit Satellitenfotos oder dem Waldmonitor nach Fichtenanpflanzungen. Anschließend schauen wir uns dann mit Satellitenfotos oder Karten zur Vegetationshöhe nach jungen Fichten um.

Laubwälder
Nadelwälder

Junge Fichten

4. Wer möchte, kann bei Kartierungsdiensten auch noch nach Zeigerpflanzen wie Heidelbeere, Weißmoos oder Drahtschmiele suchen. Pfifferlinge brauchen einen nährstoffarmen und sauren Boden im (Halb-)Schatten.

Wenn man geeignete Standorte gefunden hat, kann das Suchen losgehen. Die Pfifferlinge beginnen meist im Juni zu sprießen, wachsen aber auch noch in den folgenden Monaten bis in den Herbst hinein.

Ganz wichtig bei den Pfifferlingen: Wenn eine Stelle zu einem Zeitpunkt keine Pfifferlinge hat, muss das nicht bedeuten, dass es dort niemals Pfifferlinge zu finden gibt. Möglicherweise wachsen sie dort auch erst einen Monat später. Regelmäßiges Abgehen potenzieller Standorte kann sich also lohnen.

Brätlinge

Der Brätling ist einer der wenigen essbaren Milchlinge. Sein Duft nach Topinambur und Fisch ist sehr speziell und kann durchaus abschrecken. Viele schätzen den Geschmack dieses Pilzes aber sehr, insbesondere wenn man ihn scharf anbrät. Da er ein typischer Sommerpilz ist, sucht man ihn am besten bei wärmeren Wetterperioden.

KOMFORTZONE

Boden: sauer bis basisch

Lebensraum: Laub- und Nadelwälder, häufiger in Mittelgebirgen

Bäume: Laub und Nadelbäume, insbesondere bei Buchen

Zeigerpflanzen: nicht so relevant, weil sie sowohl saure als auch basische Böden annehmen

Wetter: mögen sommerliche Temperaturen, brauchen aber auch ausgiebige Niederschläge, am besten geeignet sind Wetterperioden mit vielen Gewittern

Jahreszeit: Sommer und Frühherbst, insbesondere im August, Wärme und Hitze machen dieser Pilzart wenig aus

MASTERPLAN

Saure bis basische Böden

Laubwälder
Nadelwälder

Buchen
Fichten
Eichen

1. Brätlinge sind recht flexibel hinsichtlich der Partnerwahl bei Bäumen, man findet sie sowohl in Laubwäldern und Nadelwäldern als auch in Mischwäldern. Am häufigsten unter Buchen, Fichten und Eichen. Auch der Boden-pH ist nicht so wichtig wie bei anderen Pilzarten. Allerdings ist der Pilz nicht überall gleich verbreitet, in Deutschland ist er in der Norddeutschen Tiefebene eher selten. Mithilfe von Kartierungstools kann man sich gut einen Überblick über seine Verbreitung verschaffen. Besonders beliebt sind Mittelgebirgslagen.

2. Weil diese Pilzart sommerliche Temperaturen mag, macht man sich am besten im Juli, August und September auf die Suche – vorausgesetzt, es hat genug geregnet. Besonders spannend sind Perioden, in denen es ständig gewittert, weil die Pilze dieses feuchtwarme Klima sehr mögen. Da Gewitter manchmal jedoch nur sehr lokal begrenzt stattfinden, sollte man Niederschlagssummenkarten nutzen, um die Wälder aufzusuchen, in denen es besonders viel und vor allem regelmäßig gewittert und geregnet hat.

Edel-Reizker

Die Edel-Reizker sind so eine typische Pilzart, der man sich dann widmet, wenn man über die Röhrlinge hinaus möchte. Und es lohnt sich, sie sind wirklich von feinstem Geschmack und bester Konsistenz! Sie zu finden kann je nachdem, wo man lebt und sucht, sehr einfach oder aber auch sehr herausfordernd sein.

KOMFORTZONE

Boden: sauer bis basisch, nährstoffarm

Lebensraum: natürliche Kiefernwälder und Kiefernforste

Bäume: Kiefer

Zeigerpflanzen: Heidelbeere, Besenheide, Weißmoos, Drahtschmiele

Wetter: Regen ist wichtig, insbesondere weil sie oft an von Natur aus recht trockenen Standorten wachsen

Jahreszeit & Temperatur: Herbst (insbesondere September und Oktober), kühl bis mild, frostfrei

MASTERPLAN

Saure bis basische, nährstoffarme Böden

Kiefernwälder

1. Edel-Reizker sind Symbiosepartner von Waldkiefern. Unsere Suche von zu Hause aus sollte sich also sehr auf diese Baumart konzentrieren. Auf Satellitenfotos lassen sich Kiefern nur mit viel Erfahrung identifizieren, doch glücklicherweise gibt es den Waldmonitor, der Kiefern darstellt. Schnell wird man merken, dass die Kiefer sehr ungleich verteilt ist. Wer in Brandenburg lebt, hat ein Kiefernparadies vor der Tür, in dem Edel-Reizker sehr häufig sind. Im Schwarzwald ist die Kiefer hingegen seltener anzutreffen, was auch die Suche nach dem Edel-Reizker erschwert.

2. Im Wald sollte man sich dann vor allen Dingen auf Wegesränder konzentrieren, denn Edel-Reizker wachsen bevorzugt an halbschattigen Stellen und nur selten tief im Unterholz.

Herbsttrompeten

Spätestens wenn der Herbst Hallo sagt, tröten es uns auch die Toten- oder Herbsttrompeten entgegen. Sie zu finden ist vergleichsweise unkompliziert, wenn man weiß, wie. Herbsttrompeten sind sehr ergiebige Pilze. Hat man eine Stelle gefunden, ist es nicht ungewöhnlich, Hunderte bis Tausende Fruchtkörper auf einmal zu finden. Ihr äußeres Erscheinungsbild ist durchaus ambivalent. Einerseits haben sie eine schwarz-graue Farbe und der Tod steht mit auf ihrem Namensschild. Absurderweise duften sie andererseits köstlich nach Aprikosen(marmelade)!

KOMFORTZONE

Boden: basisch bis sauer (mit Vorliebe für basisch), nährstoffarm

Lebensraum: basische Laubwälder

Bäume: Buchen, Eichen

Zeigerpflanzen: Waldmeister, Leberblümchen, Sanikel

Wetter: Regen

Jahreszeit & Temperatur: Spätsommer bis Spätherbst, herbstliche Temperaturen, nicht zu warm

MASTERPLAN

1. Herbsttrompeten, alternativ auch Totentrompeten genannt, heißen so, weil sie schwerpunktmäßig im Herbst (Lieblingsmonat: Oktober) wachsen. Allerdings findet man sie mitunter auch schon im Sommer. Der wichtigste Auslöser für die Fruktifikation dieser Pilzart ist neben genügend Regen vor allem die Temperatur. Diese sollte nachts optimalerweise im oberen einstelligen Bereich liegen. Tagsüber betragen die Temperaturen bestenfalls 10–20 °C.

2. Erinnern wir uns an die Bodensuche für die Morcheln. Genau das Gleiche steht nun wieder an. Wir brauchen basische Böden. Diese finden wir mit Karten über den Boden-pH oder alternativ mit geologischen Karten, auf denen wir nach basischen Gesteinen wie zum Beispiel Muschelkalk suchen.

Saure bis basische, nährstoffarme Böden

3. Anschließend geht die Suche in den basischen Gebieten weiter. Laubwälder müssen es für die Herbsttrompeten sein. Dazu verwenden wir Satellitenfotos.

Laubwälder

Buchen
Eichen

4. Auch Kartierungen von Zeigerpflanzen für basische Böden in Wäldern können uns mal wieder behilflich sein. Beispiele wären Waldmeister, Leberblümchen oder auch Sanikel.

Trompeten-Pfifferlinge

Klein, aber fein – so kann man diese köstlichen Pilze bezeichnen. Die Suche lohnt sich, denn am liebsten wachsen sie zu Hunderten!

KOMFORTZONE

Boden: sauer und nährstoffarm

Lebensraum: Laub- und Nadelwälder, insbesondere Fichtenwälder in (Mittel-)Gebirgen

Bäume: Lieblingsbaumart ist Fichte, seltener auch unter Buchen

Wetter: da Trompeten-Pfifferlinge recht langsam wachsen, brauchen sie regelmäßig Regen, sonst können sie vertrocknen, ehe sie ausgewachsen sind; bevorzugen kühle Temperaturen, weshalb im Herbst der ideale Zeitpunkt zum Suchen ist; „herbstliche“ Sommer gehen auch

Zeigerpflanzen: Heidelbeere, Besenheide, Weißmoos, Drahtschmiele

Jahreszeit & Temperatur: Herbst sowie kühle verregnete Sommer

MASTERPLAN

Saure, nährstoffarme Böden

Laubwälder
Nadelwälder

Fichten
Buchen

1. Die besten Wahrscheinlichkeiten hat man unter Fichten auf saurem Boden. Dazu sucht man sich mit Satellitenfotos oder dem Waldmonitor Fichtenbestände und kontrolliert unter diesen dann den Boden-pH mit entsprechenden Bodenkarten.

2. Trompeten-Pfifferlinge wachsen recht langsam und nicht gerade über Nacht. Am besten sind ausgiebige Regenperioden, in denen es mindestens alle paar Tage regnet. In solchen Wetterperioden herrschen für gewöhnlich auch optimale Temperaturen. Die besten Fundmonate sind sicherlich September und Oktober, aber theoretisch kann es schon ab Juli losgehen, wenn das Wetter mitspielt und der Sommer „ausfällt“.

Frost-Schnecklinge

Gute Speisepilze sind sie ja, die Frost-Schnecklinge. Die Suche ist jedoch eine kleine Herausforderung, nicht nur, weil man die richtigen Orte finden muss, sondern vor allem den richtigen Zeitpunkt. Denn wie der Name schon ankündigt, mögen diese Pilze Frost. Aber möglichst nur ein bisschen und nicht zu viel, denn sonst passt es ihnen auch schon wieder nicht.

KOMFORTZONE

Boden: sauer, sandig, nährstoffarm

Lebensraum: natürliche Kiefernwälder und Kiefernforste

Bäume: Kiefern

Zeigerpflanzen: Heidelbeere, Besenheide, Weißmoos, Drahtschmiele

Wetter: Regen, insbesondere, weil sie gerne an von Natur aus trockenen Standorten wachsen

Jahreszeit & Temperatur: Spätherbst und Frühwinter; Frost-Schnecklinge mögen einstellige Temperaturen; etwas Frost ist okay, vielleicht sogar förderlich, aber nur, wenn er kurz und nicht zu intensiv auftritt

MASTERPLAN

Saure, sandige, nährstoffarme Böden

Kiefernwälder

1. Zunächst sollte man sich Wälder mit vielen Kiefern heraussuchen, denn Frost-Schnecklinge sind auf diese Bäume als Symbiosepartnerinnen angewiesen. Also das gleiche Spiel wie bei den Edel-Reizkern (Seite 138). Mit Satellitenfotos ist das herausfordernd, mit Tools wie dem Waldmonitor jedoch recht einfach.

2. Zwischen Ende Oktober und Anfang Dezember ist der richtige Zeitpunkt, sich auf die Suche zu machen. Die Frost-Schnecklinge treten vor allen Dingen dann in Erscheinung, wenn die Temperaturen sich im einstelligen Bereich befinden und die ersten Nachtfröste kommen. Am besten überwacht man das mit Temperaturkarten oder man versucht es in dieser Jahreszeit einfach mal auf gut Glück.

Austernseitlinge

Die vollsten Körbe hat man manchmal im Winter. Denn wenn es eine Pilzart gibt, die unglaublich ergiebig ist, dann sind es Austernseitlinge. Der Austernseitling zersetzt totes Laubholz und produziert dabei im Idealfall kiloweise Fruchtkörper. Da er hauptsächlich im Winter wächst, muss man sich bei der Suche zwar warm anziehen, ist dafür aber auch oft die einzige Person im Wald weit und breit. Austernseitlinge suchen ist, passend zur Jahreszeit, besinnlich.

KOMFORTZONE

Boden: nicht relevant, weil sie auf Totholz wachsen

Lebensraum: Laubwälder mit hohem Totholzanteil

Bäume: Totholz von Laubbäumen, am liebsten Rotbuche, auch Pappel, Birke und Esche sind beliebt; Eichen werden gemieden

Zeigerpflanzen: nicht relevant, weil sie auf Totholz wachsen

Wetter: feuchtes Wetter begünstigt sie, aber weil sie auf Totholz wachsen (was oft Feuchtigkeit gespeichert hat), kann es auch mal trocken sein und sie wachsen trotzdem

Jahreszeit & Temperatur: Spätherbst, Winter; Temperaturen im einstelligen Bereich; bei Temperaturen unter 0 °C stellen Austernseitlinge ihr Wachstum ein, wenn die Temperaturen im Anschluss wieder wärmer werden, können Austernseitlinge auftauen und weiterwachsen, dank eigenem „Frostschutzmittel“

MASTERPLAN

Totholz

1. Um Austernseitlinge zu finden, sind Temperaturen im einstelligen Bereich ideal. Mit Temperaturkarten kann man sich einen Überblick verschaffen. Da solche Temperaturen in den Wintermonaten normal sind, ist dieser Schritt aber nicht so wichtig. Bei Dauerfrost kann man zwar eingefrorene Austernseitlinge finden, es werden aber keine neuen Fruchtkörper wachsen. Ansonsten sei noch gesagt, dass Dezember und Januar die beiden besten Monate für diese Pilze sind. Im Februar lassen die Vorkommen für gewöhnlich nach.

Laubwälder mit viel Totholz

Rotbuchen
Pappeln
Birken
Eschen

2. Wichtiger als die Temperaturkarten sind nun die Satellitenfotos. Am ehesten wird man in Laubwäldern mit hohem Totholzanteil fündig. Der erste Schritt ist also die Suche nach Laubwäldern. Totholz kann man auf Satellitenfotos zwar nicht erkennen, aber man kann zumindest nach Wäldern mit alten Bäumen suchen. Dort sind die Chancen für geeignetes Totholz wesentlich höher als in einem frisch gepflanzten Wald.

Service

Die Autoren

Unsere Reise mit Buschfunkistan begann 2015, als wir uns kennenlernten und sofort die gemeinsame Leidenschaft für Wildpflanzen und Pilze entdeckten. Wir wollten die Natur nicht nur beobachten, sondern sie wirklich verstehen. So wurde unsere Suche nach Pflanzen und Pilzen zu einem Weg, uns wieder mit der Welt um uns herum zu verbinden. 2019 gründeten wir unseren YouTube-Kanal Buschfunkistan. Seitdem begeistern wir jährlich hunderttausende Menschen, indem wir einen unterhaltsamen und zugleich lehrreichen Zugang zur Natur schaffen. Wir wollen einen Kontrapunkt setzen zu einer Welt, in der Markenlogos oft bekannter sind als die Arten, die uns umgeben. In all diesen Jahren haben wir nicht nur unzählige Videos produziert, sondern auch Bücher geschrieben, Vorträge und Seminare gehalten und Wanderungen angeboten.

Karten und weitere Informationen im Internet

Bodenkarten

Thünen Institut (D)

Besonders praktisch ist die Karte zum Boden-pH in Deutschland. Auf einen Blick kann man sehen, ob der Boden sauer oder basisch ist. Die Auflösung ist relativ grob, aber in vielen Fällen ausreichend.

https://atlas.thuenen.de

Geoportal der Bundesanstalt für Geowissenschaften und Rohstoffe (D)

Hier gibt es hochauflösende geologische Karten mit Informationen zu den Ausgangsgesteinen, aber auch Karten zur Wasserspeicherfähigkeit/ Feldkapazität von Böden. Nutzen wir gerne zum Auskundschaften neuer Pilzhabitate.

https://geoportal.bgr.de

Bundesamt für Landestopografie Swisstopo (CH)

Praktische Karten zum Boden-pH („Geochemischer Atlas") oder auch zur Geologie für die Schweiz.

https://map.geo.admin.ch

GeoSphere Maps (AT)

Geologische Karten für Österreich

https://maps.geosphere.at

Topographic Map (international)

Schnell und übersichtlich bekommt man hier eine topographische Karte für die ganze Welt. Wenn man wissen möchte, wie hoch oder tief ein Habitat gelegen ist, ist diese Seite super.

www.topographic-map.com

Satellitenfotos

Google Maps

Der Klassiker unter den Satellitenkarten-anbietern. Benutzen wir hauptsächlich, die Qualität reicht uns meist aus. Unterscheidung zwischen Laub- und Nadelwald ist in den meisten Fällen gut möglich, auch das Baumalter lässt sich erahnen.

www.google.com/maps

Bing Maps

Ebenfalls gute Satellitenfotos. Nutzen wir, wenn die Qualität bei Google mal nicht genügt.

www.bing.com/maps

GraphHopper Maps

Noch eine gute Seite für Satellitenfotos. Wenn Google und Bing nicht passen, ist das die dritte Adresse, die wir aufsuchen.

https://graphhopper.com/maps

Karten zu Baumarten und Baumalter

Waldmonitor (D)

Deutschlandweit wird hier angezeigt, aus welchen Baumarten die Wälder zusammengesetzt sind. Sehr praktisch, wenn man mal schnell einen Wald mit einer bestimmten Art sucht.

https://waldmonitor-deutschland.de

Landesforstinventar (CH)

Superkarte zur Vegetationshöhe von Wäldern. Wenn man in der Schweiz einen besonders alten oder jungen Wald sucht, schafft diese Karte schnell Klarheit.

https://lfi.ch/de/karten

Wetterkarten

Kachelmannwetter (D, A, CH)

Egal ob Regensummenkarten, Niederschlagsvorhersage oder Temperaturen – das ist unsere absolute Lieblingswetterseite! So viele geballte Informationen und Wettermodelle gibt es sonst nirgends.

www.Kachelmannwetter.com

Deutscher Wetterdienst (D, A, CH)

Hier mögen wir vor allem die Klimakarten. Wenn man mal rückwirkend wissen möchte, wo in Europa es in welchem Monat wie viel geregnet hat, ist man hier richtig. Damit lassen sich auch gut Pilzreisen planen. Ebenfalls nützlich sind die Karten zur aktuellen Bodenfeuchte.

www.dwd.de

Dürremonitor Deutschland

Dürren häufen sich leider immer mehr und eine von vielen Konsequenzen ist: keine Pilze. Hier kann man sich informieren, wo es besonders aussichtslos ist, was Pilze angeht, und wo man vielleicht noch eher eine Chance hat.

www.ufz.de/index.php?de=37937

Kartierungsdienste

Inaturalist (international)

Hier gibt es alles: Pilze, Pflanzen, Tiere. Jeder kann mitmachen. Die Datenbank wird stetig größer und ist auch auf Reisen äußerst hilfreich. Mit der App lassen sich Funde auch per KI, die erstaunlich gut funktioniert und oft (nicht immer) richtigliegt, bestimmen. Unser Lieblingsdienst, auf dem wir auch selbst kartieren.

www.inaturalist.org

Pilze Deutschland (D)

Umfangreiche Datenbank für Pilzkartierungen in Deutschland, verwenden wir oft und gerne. Registrierung für alle Funktionen notwendig, kostet aber nichts.

www.pilze-deutschland.de

Pilze Rote Liste Zentrum (D)

Ein noch relativ neuer Service, der auch die Datenbank von Pilze Deutschland verwendet.

https://pilze.rotelistezentrum.de

Pilzkartierung (D)

Diese Datenbank ist etwas älter und kleiner, allerdings gibt es auch hier interessante Kartierungen zu entdecken. Das Layout ist etwas in die Jahre gekommen, funktioniert aber.

www.pilzkartierung.de

Naturgucker (hauptsächlich D)

Datenbank nicht nur für Pilze, sondern auch Pflanzen und Insekten. Es gibt mengenmäßig nicht so viele Pilzkartierungen wie bei anderen Anbietern, aber sie lassen sich nur auf dieser Plattform finden. Gerade für seltenere Arten definitiv einen Besuch wert.

www.naturgucker.de

Pilzdaten Austria (AT)

Große Pilz-Datenbank für Österreich, sehr praktisch.

www.pilzdaten-austria.eu

SwissFungi Verbreitungskarte (CH)

Sehr umfangreiche Pilz-Datenbank für die Schweiz. Nutzen wir selbst regelmäßig, da wir oft in der Schweiz sind, und haben dort auch schon kartiert.

www.wsl.ch/map_fungi

Radioaktivität

Bundesamt für Strahlenschutz (D)

Regelmäßig aktualisierte Informationen rund um Risikogebiete und Radioaktivität in Pilzen in Deutschland.

www.bfs.de

Bundesamt für Gesundheit (CH)

Regelmäßig aktualisierte Informationen rund um Risikogebiete und Radioaktivität in Pilzen in der Schweiz.

www.bag.admin.ch

Umweltbundesamt (AT)

Regelmäßig aktualisierte Informationen rund um Risikogebiete und Radioaktivität in Pilzen in Österreich.

www.umweltbundesamt.at

Rote Liste

Rote Liste Zentrum (D)

Hier gibt es die aktuellen Roten Listen für Deutschland. Immer einen Blick wert, damit man weiß, was man besser schützen statt sammeln sollte.

www.rote-liste-zentrum.de

Bundesamt für Umwelt (CH)

Hier gibt es die aktuellen Roten Listen für die Schweiz. Immer einen Blick wert, damit man weiß, was man besser schützen statt sammeln sollte.

www.bafu.admin.ch

Umweltbundesamt (AT)

Hier gibt es die aktuellen Roten Listen für Österreich. Immer einen Blick wert, damit man weiß, was man besser schützen statt sammeln sollte.

www.umweltbundesamt.at

Zeigerpflanzen

Ökologie-Seite

Eine Superseite, wenn man sich schnell mal einen Überblick über die Zeigerwerte von Pflanzen verschaffen will. Sehr umfangreiche Datenbank, verwenden wir regelmäßig für Recherchen.

www.oekologie-seite.de

Zum Weiterlesen: Buchtipps

Ellenberg, Heinz; Leuschner, Christoph: Vegetation Mitteleuropas mit den Alpen: In ökologischer, dynamischer und historischer Sicht. Verlag Eugen Ulmer, 6. Aufl., 2010

Ein Buch über Lebensräume und ihre Ökologie. Sehr umfangreich und wissenschaftlich, aber großartig, wenn man ganz tief in die Thematik einsteigen möchte.

Gminder, Andreas; Karasch, Peter: Das KosmosHandbuch Pilze. Kosmos, 2023

Eines unserer Lieblingsbestimmungsbücher, weil es so viele Arten enthält. Eher für Fortgeschrittene geeignet. Pilze sind als Zeichnung dargestellt.

Guthmann, Jürgen: Heilende Pilze weltweit: Beschreibung – Inhaltsstoffe – Wirkung. Quelle & Meyer, 3. erweiterte Aufl., 2024

Sehr interessant, wenn man sich für Vitalpilze und ihre Wirkungen interessiert.

Laux, Hans E.: Der große Kosmos Pilzführer: Alle Speisepilze mit ihren giftigen Doppelgängern. Kosmos Verlag, 2. Aufl., 2025

Auch ein tolles Bestimmungsbuch, welches wir oft dabeihaben. Enthält über 1200 Arten. Hier sind die Pilze als Fotos dargestellt. Ob man Fotos oder Zeichnungen bevorzugt, ist Geschmackssache.

Licht, Wolfgang: Zeigerpflanzen: Erkennen und Bewerten. Quelle & Meyer Verlag, 3. erweiterte Aufl., 2022

Sehr umfangreiche Lektüre über Zeigerpflanzen. Kann man auch gut mal abends zu Hause im Bett lesen. Im Wald hat man dann plötzlich den „Aha-die-Pflanze-kenn-ich-doch-Moment".

Lüder, Rita: Grundkurs Pflanzenbestimmung: Eine Praxisanleitung für Anfänger und Fortgeschrittene. Quelle & Meyer, 10. Aufl., 2022

Ein sehr gutes Buch für die systematische Pflanzenbestimmung.

Lüder, Rita: Grundkurs Pilzbestimmung: Vom Anfänger zum Profi. Quelle & Meyer, 8. Aufl., 2024

In diesem Buch geht es um die systematische Pilzbestimmung. Hat man sich einmal damit befasst, wird die Pilzbestimmung viel einfacher.

Schneider, Christine; Beiser, Rudi; Gliem, Maurice: Wild- und Heilkräuter, Beeren und Pilze finden. Verlag Eugen Ulmer, 3. Aufl., 2024

Ein tolles Buch für den Einstieg in die Welt der essbaren Natur. Nicht nur für Pilze, sondern auch für alles andere.

Schuster, Gerhard; Schneider, Christine: 10 Pilze: Die sichersten Arten finden und bestimmen. Verlag Eugen Ulmer, 2. Aufl., 2022

Eines der besten Bestimmungsbücher für alle, die gerade mit dem Pilzesammeln anfangen. Sehr detailliert und damit sicher.

Register

Bildquellen

Alle Bilder stammen von Gerhard Schuster mit Ausnahme der folgenden:

Buschfunkistan: S. 6, 7, 35, 43, 49, 59, 67, 81, 91, 98 li., 119, 133, 135, 141, 147, 150
Frank Hecker: S. 82 li., 86 li., 86 re., 102 li., 104 li., 104 re., 106 re., 108
Shutterstock.com: AlexussK: S. 100 li.; Branislav Cerven: S. 96 li.; Bukhta Yurii: S. 139; godi photo: S. 65; Hans Christiansson: S. 142; Henri Koskinen: S. 144; Jaroslav Machacek: S. 86 mi.; Kati Maria: S. 102 re.; LFRabanedo: S. 145; Manfred Ruckszio: S. 84 re.; Nahhana: S. 96 re.; salajean: S. 27; SimonTheSorcerer: S. 42; Stock Holm: S. 138; Vedmed85: S. 29.

Alle Zeichnungen stammen von Buschfunkistan mit Ausnahme der folgenden:

Shutterstock.com: Art Studio VN: Cover, Buchrückseite, S. 8, 46, 68, 110, 126, 148;
Mironov Konstantin: topografische Karte
Bundesanstalt für Geowissenschaften und Rohstoffe (BGR), Hannover, 2022: S. 13
Bundesanstalt für Geowissenschaften und Rohstoffe (BGR), Hannover, 2025: S. 19
Christian Ginzler (2021) – Vegetation Height Model National Forest Inventory (NFI): S. 30
Copernicus Sentinel data 2025: S. 25, 26 li., 26 re.
Deutscher Wetterdienst: S. 52, 53, 57
Envato.com: HiPixel: Lampe; rasiorise_studio: Abzeichen; yellowline_std: Pilz im Abzeichen
https://topographic-map.com: S. 20
Thünen-Institut/Marc Scherstjanoi: S. 11
UFZ-Dürremonitor / Helmholtz-Zentrum für Umweltforschung (UFZ): S. 56
Waldmonitor Deutschland – Naturwald Akademie/Remote Sensing Solutions: S. 28

HIER KÖNNEN SIE WEITERLESEN

ISBN 978-3-8186-1655-7

ISBN 978-3-8186-0704-3

ISBN 978-3-8186-0090-7

ISBN 978-3-8186-2227-5

ISBN 978-3-8186-1941-1

ISBN 978-3-8186-1293-1

ISBN 978-3-8186-1665-6

ISBN 978-3-8186-1418-8

ISBN 978-3-8186-1755-4

ISBN 978-3-8186-1421-8

ISBN 978-3-8186-2032-5

ISBN 978-3-8186-1873-5

ISBN 978-3-8186-1269-6

ISBN 978-3-8186-2224-4

ISBN 978-3-8186-1419-5

ISBN 978-3-8186-1318-1

ISBN 978-3-8186-0725-8

ISBN 978-3-8186-1955-8

Mehr Inspiration gefällig? Dann gehen Sie auf Entdeckungstour!
Über 1.600 Bücher sind über den Buchhandel oder portofrei unter www.ulmer.de erhältlich.

Impressum

Die in diesem Buch enthaltenen Empfehlungen und Angaben sind von den Autoren mit größter Sorgfalt zusammengestellt und geprüft worden. Eine Garantie für die Richtigkeit der Angaben kann aber nicht gegeben werden. Autoren und Verlag übernehmen keine Haftung für Schäden und Unfälle. Bitte setzen Sie bei der Anwendung der in diesem Buch enthaltenen Empfehlungen Ihr persönliches Urteilsvermögen ein.
Der Verlag Eugen Ulmer ist nicht verantwortlich für die Inhalte der im Buch genannten Websites.

Anmerkung zur Schreibweise (Gendering): Gendergerechtigkeit und Inklusion sind bei uns gelebte Praxis – bei der Auswahl unserer Themen, bei der Recherchearbeit, in der Gestaltung. Unsere Texte meinen alle. Damit unsere Inhalte jedoch gut lesbar bleiben, verzichten wir in diesem Werk auf die jeweilige Mehrfachnennung oder Anpassung der Schreibweise bestimmter Bezeichnungen an die weibliche, männliche oder diverse Form.

Bibliografische Information der Deutschen Nationalbibliothek
Die Deutsche Nationalbibliothek verzeichnet diese Publikation in der Deutschen Nationalbibliografie; detaillierte bibliografische Daten sind im Internet über http://dnb.d-nb.de abrufbar.

E-Mail: info@ulmer.de · Internet: www.ulmer.de

Projektleitung & Konzept: Christine Hutschenreuther
Fachlektorat: Gerhard Schuster · Lektorat: Antje Krause
Layout und Herstellung: Verlag Eugen Ulmer
Umschlaggestaltung: Verlag Eugen Ulmer
Satz: Antje Warnecke, nordendesign.de
Reproduktion: time:ray visualisierungen, Jettingen
Druck und Bindung: Westermann Druck, Zwickau
Printed in Germany

ISBN 978-3-8186-2729-4